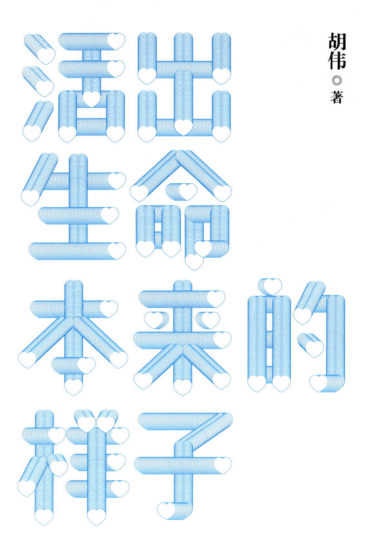

活出生命本来的样子

胡伟 ◎ 著

北京联合出版公司
Beijing United Publishing Co.,Ltd.

图书在版编目（**CIP**）数据

活出生命本来的样子 / 胡伟著 . — 北京 ： 北京联
合出版公司， 2019. 9

ISBN 978-7-5596-3418-4

Ⅰ . ①活… Ⅱ . ①胡… Ⅲ . ①成功心理－通俗读物
Ⅳ . ① B848. 4-49

中国版本图书馆 CIP 数据核字（2019）第 142671 号

活出生命本来的样子

作　　者：胡　伟
选题策划：个人发展学会
责任编辑：刘　恒
封面设计：创研社
版式设计：创研社

北京联合出版公司出版
（北京市西城区德外大街83号楼9层　　100088）
天津旭丰源印刷有限公司印刷　新华书店经销
字数：150千字　　880mm×1230mm　　1/32　　8印张
2019年9月第1版　　2019年9月第1次印刷
ISBN 978-7-5596-3418-4
定价：45.00元

目录
contents

第二章　情感的生肉——关系的重构

第三章 生命的高冷——价值的信仰

序言:
哲学就是这么燃

我从小就一直是一个被所有同学和老师嫌弃的男孩。

为什么呢? 因为我最大的爱好就是提问。

初中的时候, 有一次, 老师布置了一篇作文《我的困惑》。

我是这样写的: 我最大的困惑是, 每次我去商场, 用钱买商品, 售货员都很温柔。可是在学校里, 我用学费买知识, 老师为什么就那么凶呢?

不都说顾客就是上帝吗? 怎么能让上帝罚站呢?

高中的时候有一次上语文课, 老师叫人回答问题。

"下面请哪位同学回答一下, 作者的中心思想是什么? "

"老师，我有个问题，如果作者在这篇课文里撒谎的话，我怎么可能知道他本人的中心思想呢？"

"你哪儿来那么多问题？如果所有学生都像你一样，动不动就问问题，那这个课就没办法上了。你觉得你这样做对吗？"

"老师，如果所有人都像您一样，一直在高中当语文教师，那么其他职业就没人做了，您觉得您这样做对吗？"

"教室后面站着去！"

大三的时候，有一次上课时间，我独自跑到北京的一家精神病院，与精神病医生激烈争辩"正常"与"不正常"的标准问题，结果被当作精神病患者留院观察。

我就是这样一个特立独行的人，从小体弱多病，孤僻寡言，没有朋友。

小学四年级的时候，因为心肌炎我在家休学了一年，父母都去上班了，每天就留我一个人在家，没办法，只能看书。

那时候小，很多字不认识，我就边翻字典边看书，很快，我在书中找到了乐趣。这段经历为我的生活打开了一扇窗。

我学会了阅读，学会了独立思考。

当别的孩子在打游戏、踢足球的时候，我沉浸在书中，以书为伴。

我越来越孤僻，越来越不合群，我会思考很多别人不会去想的问题。比如，那些踢足球的人为什么一定要把球踢到那个框框里，有什

么意义？

因为总是有很多疑问，所以常常让身边的人烦不胜烦。

我特别喜欢质疑那些别人眼中的社会常识。这么做并不是为了表现自己的与众不同，而是因为这些事整天牵动着我的脑细胞，就像网络游戏牵绊其他同学一样。我会想"为什么一个人到了年龄就应该谈恋爱结婚""为什么明星就应该比清洁工赚更多的钱""为什么男人就应该为女人埋单""工作之后用不着解析几何，为什么还要学这个"……因为我总是问"为什么"，总是问"why"，所以同学们给我起了一个外号——"老外"。

高三的时候，我读了北京大学哲学教授胡军的一本著作《哲学是什么》，终于明白：西方哲学就是一种对于人们习以为常的规范、价值进行不断追问、不断反思的理性质疑精神。于是，我知道我找到"组织"了，这才是我需要学的专业，这才是够我玩一辈子的"游戏"。

从 2005 年到现在，这十几年来，我将大部分的时间和精力都用来阅读、思考、写作。2015 年年底，我出版了自己的哲学处女作《真思想》。很多人都觉得哲学太高大上，其实恰恰相反，哲学是最接地气的学科，因为哲学所关注的正是每个人在现实生活中不得不面对的问题。"为什么我越来越不相信爱情""为什么我赚得越来越多，可活得越来越累""为什么我一天不刷朋友圈，就觉得心里不踏实""为什么有那么多脑残粉"，这些问题其实都是西方哲学家研究的课题，用哲学术语来说，这些都属于"现代性"问题。现在你还能说哲学离你很遥远吗？

打个比方，哲学就是生活的涂鸦。我们在生活中之所以会遇到那么多让人辗转反侧的问题，其中一个重要原因就是我们总是按照同一种思维定式来生活，这种思维定式就像变色龙一样，如果与周围环境保持一致，我们很难分辨出它们的存在。而哲学的价值正是在于，它能够以逻辑思维为调料，以理性质疑为画笔，让我们把那些思维定式的本来面貌给勾勒出来，从而让我们发现很多被当作"社会常识"的思维定式并不是什么真理，而只是一些无知的偏见。于是，你会发现这些思维定式一旦瓦解，那些让你苦不堪言的人生困惑也就迎刃而解了，这是因为哲学能够唤醒你的价值理性，激发你的独立思考能力和批判意识，让你活得更自由。而这，正是我创作这本书最重要的初衷。

当然，作为一个"85后"北京小炮儿，我也喜欢相声、摇滚乐、美剧和阿尔帕西诺。每当我在阐述这些哲学家的人生和观点的时候，会经常引用很多电影和流行音乐的例子，所以我可以毫不夸张地说：作为第一本"二次元"西方哲学书，这本书将彻底颠覆你脑海中觉得西方哲学枯燥乏味的刻板印象。读完之后，我相信你会情不自禁地发出这样的感慨："想不到哲学家的思想这么燃！"

第 一 章

内心的自嗨——自我的和解

鲍德里亚：
你只是"双十一"的祭品

常识：我是一个享乐主义者，所以我会买很多名牌包包。

让·鲍德里亚（Jean Baudrillard）：你不是享乐主义者，你是禁欲主义者，因为你消费的目的是向社会证明自己很成功，很时尚，这种欲望不是你自己的，而是消费主义灌输给你的虚假欲望，你已经不知道自己真正需要什么了。连自己真实的需要都被忽视了，这难道还不是禁欲主义吗？

一定得选最好的黄金地段，

雇法国设计师，

建就得建最高档次的公寓！

电梯直接入户，

户型最小也得四百平米，

什么宽带呀、光缆呀、卫星呀能给他接的全给他接上，

楼上边有花园儿，楼里边有游泳池，

楼里站一个英国管家，

戴假发，特绅士的那种，

业主一进门儿，甭管有事儿没事儿，

都得跟人家说 may I help you, sir?

一口地道的英国伦敦腔儿，倍儿有面子！

社区里再建一所贵族学校，

教材用哈佛的，

一年光学费就得几万美金，

再建一所美国诊所儿，

二十四小时候诊，

就是一个字儿——贵，

看感冒就得花个万八千的！

周围的邻居不是开宝马就是开奔驰，

你要是开一日本车呀，

你都不好意思跟人家打招呼，

你说这样的公寓，一平米得卖多少钱？

我觉得怎么着也得两千美金吧！

两千美金那是成本，

四千美金起，

你别嫌贵还不打折，

你得研究业主的购物心理，

愿意掏两千美金买房的业主，

根本不在乎再多掏两千，

什么叫成功人士，你知道吗？

成功人士就是买什么东西，

都买最贵的不买最好的！

所以，我们做房地产的口号就是，

不求最好，但求最贵。

　　是不是感觉似曾相识？上面这段台词来自冯小刚导演的经典电影
《大腕》。这段电影台词之所以经典，是因为它非常形象地体现了法国
哲学家鲍德里亚的观点——在当今这个消费社会里，人们消费的不再是
商品，而是优越感。

网上有一个"小鲜肉尖叫榜",用来衡量那些明星的人气。如果有一个20世纪哲学家尖叫榜的话,鲍德里亚的排名一定不会跌出前五。

1929年,鲍德里亚出生在法国南部的一个小公务员家庭。从十几岁开始,鲍德里亚就成了一个很叛逆的孩子。上课睡觉玩手绘,放学打架撩学妹,整个就是一熊孩子。高中的时候,有一次上历史课,鲍德里亚在座位上直接站起来和美女老师表白了,虽然被拒绝了,但鲍德里亚却一举成名,成了学校的红人。

在我们今天这个时代,有一些标榜独立、处处和父母对着干的叛逆少年,他们这种所谓的独立其实是自欺欺人,因为他们仍然需要父母挣钱养活他们,而鲍德里亚才是真正的独立。17岁高中毕业后,鲍德里亚离家出走,开始自谋生路。他没上大学,完全靠自学,学会了德语。在很长一段时间里,鲍德里亚都在法国版的"新东方"培训学校教德语,在业余时间,鲍德里亚阅读了大量的哲学、社会学和人类学著作,也是从那时开始,鲍德里亚从一个行动上的愤青蜕变成一个思想上的雅痞。

但20世纪60年代,鲍德里亚进入大学,他说"那是一条迂回进入的路"。

1966年,鲍德里亚完成了他的博士毕业论文《社会学的三种周期》,然后来到巴黎第五大学做助教,从此正式开始了他的哲学生涯,从20世纪70年代开始,一直到2007年去世。其间,鲍德里亚创作了《消费社会》《生产之镜》《拟像与仿真》《完美的罪行》等十几本哲学著作。

鲍德里亚能进"20世纪哲学家尖叫榜"前五名，是因为他对当代西方流行文化圈的影响太大了。看过电影《黑客帝国》三部曲吗？导演沃卓斯基兄弟曾经多次强调，这部电影的思想主题正是来自鲍德里亚在《拟像与仿真》中提出的观点："信息时代的人被虚拟符号所统治。"不仅如此，在电影中，黑帮组织的首领墨菲斯有一句经典台词："诸位，欢迎来到真实的荒漠。"这句台词本身是《拟像与仿真》第一章里的一句话。

鲍德里亚的影响力可见一斑。

鲍德里亚出名的另一个原因是他常常在媒体上语出惊人。1991年，海湾战争刚刚结束不久，鲍德里亚接受记者采访，他说："海湾战争并没有发生过。"西方媒体一片哗然，很多人都骂鲍德里亚是一个睁着眼说瞎话的疯子。实际上，人们并没有真正理解这句话的意思。鲍德里亚是想告诉人们：随着媒体产业和信息技术的发展，人的思想也被影像文化所控制。人们越来越相信"无视频，无真相"的逻辑，电视影像上的战争是什么画面，人们就认为真实的战争就应该是这个样子。人们越来越难以区分媒体影像和真实世界的差别，所以鲍德里亚的意思其实是在讽刺这样一个事实——人们只相信媒体呈现给他们的海湾战争，而没有出现在媒体上的真实的海湾战争对他们来说就好像不存在。

鲍德里亚不仅是一位哲学家，还是一名出色的摄影师。自20世纪80年代开始，鲍德里亚常常去世界各地旅行，拍摄了大量风格清奇的另类照片。鲍德里亚对人体摄影没什么兴趣，他喜欢拍那些破败的工厂、孤独的烟头和腐烂的树木。

1995年，鲍德里亚在德国拿到了"ZMK与西门子媒体艺术奖"，可以说，他是最懂摄影的哲学家和最懂哲学的摄影家。

鲍德里亚的人生经历和奇闻趣事值得讲述，他的哲学观点更值得了解。

鲍德里亚早期有一本代表作《消费社会》，这本书与我们每个人的现实生活息息相关，因为他向这个资本全球化的时代提出了一个问题——"你究竟是在消费什么？"鲍德里亚给出的答案是：随着消费主义的横行无阻，人类消费的已不再是商品本身，而是社会身份。

什么意思呢？简单举个例子，你有没有参观过车展？如果有的话，你会发现一个规律：香车的豪华程度和车模身上穿的衣服数量成反比。也就是说，车越豪华、越昂贵，旁边的车模穿得就越性感。这实际上是在向所有到场的观众灌输一种消费主义逻辑——"性感美女只爱成功男人，什么是成功男人？开豪车的男人才算是成功男人"。所以对于那些把买豪车当作自己奋斗目标的男人来说，豪车已经不是代步工具，而是成功人士的一个标签。所谓的消费主义，说得简单一点，就是通过各个广告平台的狂轰滥炸，给你洗脑，让你相信这样一种荒诞的观点：你是谁，你能否幸福，你能否成功，这些完全取决于你买的东西是什么牌子。

打开电视，点开网络，铺天盖地的广告席卷而来。你可以观察一下，越是所谓的名牌，广告的重点越不是商品本身的实际功能，而是将自己与时尚、高端、成功之类的社会评价标准紧紧绑缚在一起。就像某著名企业家代言的一款手机，它的广告词是这样的——你与众不同，你喜欢超越，你有梦想，你有力量，记住：你的名字叫作成功。

无论是手机、汽车、香水、化妆品，还是包包，这些消费品的广告不断重复同样的逻辑——如果你想向社会证明自己是时尚人士、高端人士、成功人士的话，那么你就应该买这些东西。换句话说，获得这些产品的使用价值反而变得次要了，最重要的是你能给自己贴上这些社会身份的标签。只要你认同了这个逻辑，你就已经被消费主义给"套路"了。

不仅如此，鲍德里亚进一步指出：消费主义的套路一旦形成规模，一条鄙视链就会自动形成。我们会经常在某新闻网站的评论板上看到这样的谩骂："看到你上网用的是这个牌子的国产手机，就不奇怪你为什么这么脑残了。"这条鄙视链会越拉越长，有了 iPhone7，就会有 iPhone8，就会有 iPhone9，越是那些用"时尚"来标榜自己的消费品，产品过时的速度也就越快。很多时候，你穿上了刚刚买的潮流服饰，没过多久，你内心的优越感就会荡然无存，因为时尚潮流又更新换代了，你一下子从鄙视链的顶端滑落下来了。为了维持自己的优越感，不被潮流抛弃，你又需要重新掏腰包。于是，你就这样被所谓的"时尚""成功""高端社会"等潮流绑架，随波逐流，身不由己。

正是因为看到了这一点，所以鲍德里亚才提出了一个重要的命题：消费主义本质上就是禁欲主义。这话听上去自相矛盾，可是非常深刻。因为鲍德里亚发现，对于今天这个消费社会来说，大多数人在购物时，他们满足的与其说是自己的真实欲望，不如说是虚假欲望，因为他们买这些东西的前提是他们已经在不知不觉间，被灌输了那种消费主义意识形态的评价标准——如果能够拥有足够多的高档消费品，穿着阿玛尼（Armani），出门开宾利，挎着 Gucci（古驰），那么无论这个人为社会贡献了什么，无论这个人的道德、品行、思想、才华如何，他都是人生赢家。相反，如果一个人全身上下连一件名牌也没有，一件奢侈品也买不起的话，那只能代表他是一个 Loser（失败者）。为了让自己在这个标准的鄙视链上处于上游，人们才会拼命挣钱，拼命消费，向社会证明自己不是 Loser，至于自己的真实欲望是什么，自己是否真的需要这些东西，反而变得不重要了。然而，就像鲍德里亚所说的，用物的价值来衡量人的价值，这不是历史的进步，而是对于人类尊严的蔑视。

鲍德里亚是一位哲学家，也是一位预言家。早在 20 世纪 70 年代，他就非常富有前瞻性地说：当消费主义肆虐到一定程度的时候，就会出现越来越多的"人工节日"。什么叫人工节日？说白了，就是商家和媒体为了促进消费，人为地在某一天制造出"消费无罪，购物有理"的狂欢氛围。

明白了吧？我们一年一度的"双十一"其实就是这样的人工节日，在"双十一"这一天里，人们趋之若鹜地疯狂购物。为什么？不是因为商品打折，因为打折只是消费的条件，而不是消费的理由。人们之所以会在这一天疯狂购物，是因为就像鲍德里亚说的那样，人工节日具有一种文化强制性。在"双十一"这一天，没人强迫你买东西，但是所有媒体都在渲染一种非常夸张的节日氛围，让你感到一种无形的压力——别人都在疯狂买东西，都在享受购物的快乐，你如果不买东西的话，就变成了奇葩，就变成了怪物，就变成了一个被时代抛弃的失败者，所以就算不想买什么，也得上网看看，想方设法地激发自己的消费欲望，正所谓"有困难要上，没困难制造困难也要上"。

"双十一"这个人工节日正是在最大程度上利用并放大了人类的从众心理，让每一个消费者都被席卷进了这场消费主义的风暴之中，让人们通过买那些自己并不需要的东西来证明自己和大多数人一样，是主流社会的一员，这正是一种潜移默化的文化强制性，也正是消费主义最直接的目的。

被消费主义赋予文化强制性的不仅是商品和人工节日，还有那些网络上不断更新的垃圾信息。如果你一星期没关注微信朋友圈的话，你会不得不面临一个令人尴尬的处境：你已经 get（了解）不到新闻留言板上的那些梗了，甚至听不懂别人聊天的内容。为了避免这一情况发生，你只能每过一会儿就看看网络新闻，刷刷微信朋友圈的动态。

听了鲍德里亚对于消费主义的剖析，你还会把"买买买"当作人生最大的幸福吗？你还会把"时尚"当作评判成功与否的标准吗？无论如何，我们都应该理性地面对自己的消费，独立地判断自己真实的需要，这正是鲍德里亚的哲学带给我们的启示。

萨特：
你可以重新选择你的过去（上）

常识：以前的经历已经发生了，我无法改变过去，所以我并不自由，只能在过去的阴影下进行选择。

让－保罗·萨特（Jean-Paul Sartre）：过去那些经历的意义是由你每一个当下的选择所重新赋予的，没有什么能够阻挡你的自由，只要你能够勇敢承担自由选择的责任。

在 20 世纪的欧洲学术界，有一位身兼哲学家、文学家、社会活动家、"撩妹大师"等数职的奇人，他就是萨特。和那些在书斋里"两耳不闻窗外事，一心只读圣贤书"的学者不同，萨特是一位社会现实的介入者，他始终关注着在 20 世纪波谲云诡的历史舞台上被大人物视为草芥的那些底层劳动者，特别是亚非拉那些被压迫民族的命运。因为萨特介入了太多重要的历史事件，他的人生也充满了传奇色彩，如果一笔带过，那么你可能也就无法理解为什么直到今天，世界上仍然有那么多萨特的粉丝，也就无法理解为什么文化界会将他誉为"20 世纪人类的良心"。他的影响力已经远远超越了学术界。为了让读者更加全面地了解萨特精彩绝伦的一生，我把萨特的人生和哲学分开讲述。

2006 年，法国传记电影《花神咖啡馆的情人们》上映，里面有这样一个情节：哲学家萨特让同样是哲学家的终生伴侣波伏娃向美国女记者米露传个话，问她是否愿意和萨特做"羞羞的事情"。后来通过波伏娃的游说，萨特终于如愿以偿。

看到这里，你可能会认为这是编剧为了制造噱头而胡编乱造的故事。"这怎么可能呢？怎么可能存在给自己老公介绍小三的女人？"但历史的确如此，波伏娃多次把自己的闺密主动介绍给自己的一生挚爱萨特，因为她和萨特都相信：真正的爱情拒绝一切形式的约束。只要我们把对方当作不可替代的灵魂伴侣，那么即使各自的情人再多，也不会影响彼此的爱情。萨特去世以后，波伏娃甚至常常将萨特以前所有的"临时女友"都请到家里，大家一起进行亲切友好的交谈，共同怀念萨特的哲学思想和人格魅力。

萨特究竟是一个什么样的男人，才会让《第二性》的作者，女权主义哲学家波伏娃爱得如此深沉呢？

1905 年，萨特出生于法国巴黎，父亲是海军军官，母亲是家庭主妇。在萨特出生的第二年，他的父亲就去世了。母亲后来改嫁了一个工程师，萨特很不喜欢他的继父。

萨特长得十分"随心所欲"，矮个子，塌鼻梁，头发稀疏，好不容易有一双明亮的双眸，结果其中一只竟然还是斜眼，所以他从小就不合群。萨特最大的爱好就是读书。7 岁的时候，他就通读了福楼拜的《包法利夫人》。

1924 年，萨特成功考入有"法国思想家的摇篮"之称的巴黎高等师范学院。在这里，萨特如饥似渴地攻读哲学专业，不仅如此，他还关心社会时政，常常与同学进行激烈的辩论。1929 年，萨特认识了他这辈子最重要的女人——后来成为女权主义哲学家的波伏娃。没过多久，两个人便相约厮守终生。但萨特和波伏娃都不是按套路出牌的人，他们对于资本主义的婚姻制度厌恶至极，所以决定只同居，不领证。在后来的人生中，萨特以他的哲学才华和人格魅力推倒了一个又一个妹子，撩妹足迹遍布全世界，但外面彩旗飘飘，屋里红旗不倒，波伏娃作为灵魂伴侣，对萨特来说永远都是第一位。

从巴黎高等师范学院毕业以后，萨特去了一所高中担任哲学老师。在这期间，萨特开始研究德国哲学家海德格尔的存在主义思想，并创作了他的第一部长篇小说《恶心》。

这部小说以流水账的形式讲述了这样一个故事：一个叫罗根丁的知识分子，他白天在图书馆里研究历史，晚上去酒馆里和形形色色的漂亮女孩调情。在心里，他还思念着自己的初恋情人安妮。然而，突然有一天，本来安逸恬静的生活一下子变得面目可憎，罗根丁感到莫名的恶心，书籍变得索然乏味，酒馆里的女人变得丑陋不堪，就连曾经的初恋情人也变为了一个庸俗市侩的怨妇。罗根丁无论做什么事，这种百无聊赖的恶心感都如影随形。后来他终于明白了，之所以会有这种感觉，是因为他发现自己的生活好像是一台自动的机器，就算自己什么都不做，它仍然会按照原有的程序继续运转。于是，罗根丁选择离开这座城市，去未知的远方寻找生活的另外一种可能性。

萨特在这部小说中所描绘的"恶心"，其实是工业文明时期现代都市人的普遍处境。说得简单一点就是，无论你从事什么工作，和什么人交流，你都会发现一套无所不在的自动化程序，即我们今天说的"套路"，就算没有你，这种套路照样运行。于是，你就觉得自己反而成了生活的"局外人"，所以你会感到一种无所适从的"恶心"。可以说，萨特通过这部小说表现了现代都市人普遍的心灵困境。

这部小说的出版，让萨特名声大振。然而不久后，"二战"爆发，热血青年萨特并没有像某些书斋里的学者那样苟且偷安，而是选择应征入伍。他抄起步枪与德军在前线以命相搏，但随着法国政府的屈膝投降，萨特也沦为了德军战俘。在战俘营的艰苦岁月里，萨特并没有放弃战斗，在一次集体越狱行动中，萨特和他的战友上演了"胜利大逃亡"。后来，萨特结识了法国共产党的抵抗组织，成为一名"每一颗子弹消灭一个敌人"的敌后武工队员，在神出鬼没之间与德军周旋于城头巷尾。但哲学家就是哲学家，萨特虽然一手拿枪，但另一只手仍然紧握钢笔，1943 年萨特出版了他最重要的哲学代表作《存在与虚无》，这部著作标志着他将德国哲学家海德格尔的存在主义哲学发展到了一个全新的高度。除此以外，他还发表了长篇小说《自由之路》三部曲、戏剧《禁闭》以及短篇小说《墙》等等。

在《自由之路》这部长篇小说中，萨特塑造了一个从蝇营狗苟的古惑仔蜕变为抗击德军而舍生取义者的英雄形象。而在戏剧《禁闭》中，一个妓女、一个懦夫和一个杀害婴儿的犯人都下了地狱，他们在地狱里仍然互相猜忌，互相指责。直到今天，仍然流传于文艺青年之间的那句话——"他人就是地狱"就是这部戏剧的台词。

我个人最喜欢的萨特的文学作品是他的短篇小说《墙》。这部小说的故事发生在 20 世纪 30 年代的西班牙内战时期。巴勃罗是一位西班牙共和国的战士，在一次战斗中，他因为受伤而被敌人俘虏。敌人对他进行了严刑拷打，巴勃罗宁死不屈。似乎一切都在按部就班地延续着英雄主义文学传统，但这之后的情节却让人出乎意料：敌人决定在枪毙巴勃罗之前，再尝试最后一次审问，要求他供出自己的战友拉蒙·格里斯在什么地方。巴勃罗大义凛然，他决定在就义前再戏弄一次敌人，算作他的最后一战。于是，他欺骗敌人说："他藏在公墓里，在一个墓穴或掘墓人的小屋里。" 敌人听了他的话，马上到了公墓。意外的一幕发生了：敌人竟然真的在掘墓人的小屋里找到了拉蒙！原来，拉蒙为了躲避敌人的追捕，一直把这里当作他的藏身之地。而巴勃罗却完全不知道这一点，他只是想戏弄敌人，因为他认为拉蒙不可能在那个地方！然而，无巧不成书，抱着必死之心的巴勃罗却在无意之中出卖了自己的战友！就这样，敌人抓到了拉蒙并枪杀了他，他们相信巴勃罗已经变节，就把他放了。面对残酷的现实，巴勃罗发出了沾满泪花的笑声。在这篇小说中，人生的荒诞性、世界的悖谬性、战争的虚无性都表现得冰封刺骨，让人不寒而栗。

"二战"结束的第二年，萨特发表了他最负盛名的演讲《存在主义是一种人道主义》。在此之前，存在主义只是欧洲学术界那些知识分子的游戏，但正是这篇演讲稿让全世界都了解到了存在主义哲学的现实意义。人们耳熟能详的"存在先于本质"的经典论断正是来自这篇演讲。

冷战开始以后，萨特的思想深度又上了一个新台阶，他深入研究了马克思的主要著作，进而开始发表大量对于西方资本主义发达工业社会进行猛烈批判的文章和演讲。但他并没有像当时的风潮那样盲目为苏联打 Call（打 Call，"应援"的意思），反而在文章里谴责苏联的大国沙文主义。他的思想有自己的独立判断标准，那就是：永远为了自由，为了全世界被压迫的民族和阶级而摇旗呐喊。

1955 年，萨特和他的终生伴侣波伏娃访问中国，毛泽东主席和陈毅副总理分别接见了他们。在访问期间，萨特和波伏娃还登上了天安门城楼，与首都人民一起欢度国庆节，萨特还亲自在《人民日报》上发表文章《我对新中国的观感》。回国以后，为了响应毛泽东主席提出的"文艺要为工农兵服务"的主张，萨特也在法国文化界提出了"哲学介入现实"的口号，并且以亲身行动践行自己的口号。对此，最突出的例子就是 20 世纪 50 年代中期，法国的殖民地阿尔及利亚爆发了民族独立战争，萨特并没有因为自己法国人的民族身份而被羁绊，而是旗帜鲜明地反对法国殖民主义，支持阿尔及利亚的民族解放阵线。他不仅为阿尔及利亚人民的独立斗争撰写声援文章，而且还凭借自己在文化界的影响力，在一场场的演讲报告中获得了大量募捐，萨特将这些物资全部捐给了阿尔及利亚的民族解放阵营，以至于当时很多法国老兵举行游行，他们高呼："枪毙卖国贼萨特！"甚至烧掉了萨特在巴黎郊区的一处住房。但萨特是一位存在主义的斗士，他并没有因此屈服，而是继续以其超越民族主义的强烈正义感与法国政府和主流媒体一直战斗到了 1962 年，直到阿尔及利亚正式宣布独立。

在这期间，还有一件事对萨特来说至关重要，即他于 1960 年出版了哲学著作《辩证理性批判》。在这部著作中，他试图将存在主义哲学与马克思主义哲学进行有机整合，也是在这部著作中，萨特由衷地称赞："马克思主义是我们这个时代唯一不可超越的哲学，因为孕育它的时代还没有被超越。"

1964 年，诺贝尔奖委员会宣布将本年度的文学奖颁给法国哲学家
萨特，获奖作品是萨特的自传小说《词语》，但让所有人大吃一惊的
一幕出现了：萨特当天发表声明——拒绝接受诺贝尔文学奖。

从这件事中我们或许可以理解为什么萨特其貌不扬，却撩妹无数，
那是因为他的人格魅力是何等性感啊！要知道，在这个世界上，有多
少文学家都以获得诺贝尔奖为人生的无上光荣，有多少高等学府都梦
想着将"诺贝尔奖获得者的母校"作为炫耀的资本，而萨特呢，他却
冒天下之大不韪，拒绝领取诺贝尔奖！为什么呢？萨特的理由是：他
的存在主义哲学以"自由"作为核心价值，而"诺贝尔奖获得者"这
个头衔会成为约束个人自由选择的障碍。用萨特自己的话说，就是"我
是署名'让-保罗·萨特'还是'让-保罗·萨特——诺贝尔奖获
得者'这绝不是一回事……所以我不能接受无论是东方还是西方的高
级文化机构授予的任何荣誉，哪怕是我完全理解这些机构的存在"。
用我们中国人的话说，就是"吃别人的嘴软，拿别人的手短"。只要
你接受了诺贝尔奖的荣誉，那么你无形之中，就等于承认了诺贝尔奖
的权威地位，以后无论诺贝尔奖委员会做任何荒唐可耻的事情，你都
无法完全脱离干系。特别是在冷战的高峰，诺贝尔文学奖在一定程度
上已经沦为西方资本主义阵营攻击社会主义的工具，对于崇尚自由的
存在主义哲学家萨特来说，"不自由，毋宁死"。宁可不要诺贝尔奖
的荣誉，也不能被西方阵营的意识形态当枪使，这就是萨特的个性。

1968 年，法国乃至整个欧洲爆发了 20 世纪最大规模的学生运动，史称"五月风暴"。吊诡的是，这场运动的革命对象并不是政府，而是发达资本主义社会的消费主义文化所导致的"人被异化为生产工具和消费工具"的生存现实。后来有学者称这是人类有史以来第一场不是为了面包，而是为了蔷薇的革命。在这场声势浩大的学生运动中，萨特主动走上街头，带领学生们一起与警察对峙。当法国警察逮捕学生的时候，萨特冲到了第一线，拿出当年与德国鬼子打游击战的气概，赤手空拳地与手拿电棍的警察进行肉搏，直到救出被警察包围的学生。以前有首歌，叫作《革命人永远是年轻》，用来形容萨特很合适。虽然已过耳顺之年，但当时的萨特仍然是欧洲大学生们的第一偶像。

　　历史进入 20 世纪 70 年代，年事已高的萨特身患多种疾病，但他将全部的精力投入到人类的正义事业之中。他不仅为那些逃难到欧洲的非洲难民的平等权利奔走呼告，还与另一位热心公益的英国哲学家罗素共同创立了"罗素－萨特国际法庭"，为了实现完全独立于西方政府的民间法庭的客观公正，萨特亲自带领记者来到越南战场上，收集了大量美国军队惨无人道的证据。在萨特和罗素的主持下，法庭最终宣判美国政府为战犯，并将所有证据公告于天下。

　　1974 年萨特的左眼实际上已经完全看不见了，他的右眼在童年时就瞎，但他仍然用口述的方式创作了一部研究法国文豪福楼拜的文艺理论著作《家庭白痴》。1980 年，萨特去世。但时至今日，"萨特"这个名字和切·格瓦拉一样，仍然是这个世界上很多文艺青年所向往的文化符号。存在主义哲学也不像其他大多数哲学流派那样仅仅供学者们自娱自乐，而是成为了一种具有普世性的人生观。有很多著名的政治家都将"存在主义"作为自己的人生指南，比如伟大的反种族主义斗士——南非前总统曼德拉。

曼德拉因为自己的政治主张，在监狱里被关了快30年。在这期间，通过多次斗争，曼德拉获得了在狱中阅读书籍的权利，他读得最多的就是萨特的著作。1990年，曼德拉终于走出了监狱，他对采访他的记者说的第一句话就是："萨特还活着吗？"是的，萨特不死，自由长燃！

萨特：
你可以重新选择你的过去（下）

常识：以前的经历已经发生了，我无法改变过去，所以我并不自由，只能在过去的阴影下进行选择。

让－保罗·萨特（Jean-Fual Sartre）：过去那些经历的意义是由你每一个当下的选择所重新赋予的，没有什么能够阻挡你的自由，只要你能够勇敢承担自由选择的责任。

在生活中，每当我面对重要选择而长时间陷入犹豫彷徨的时候，就会打开DVD，一遍又一遍地观看我最喜欢的电影——《追风筝的人》。

《追风筝的人》根据同名小说改编，讲的是一个阿富汗男人的成长历程。20世纪60年代，阿米尔出生在阿富汗喀布尔的一个富商家庭，他和仆人的孩子哈桑从小就是形影不离的好朋友。在相处中，哈桑无微不至地照顾着自己的小主人。在一次与街头霸王阿塞夫的冲突中，哈桑为了保护主人，惨遭阿塞夫强暴。但阿米尔却觉得自己好像欠了哈桑的人情，为了逃避内心的亏欠感，而向父亲撒谎，说哈桑偷了自己的生日礼物，父亲不得不辞退自己的仆人——哈桑的父亲。从此之后，阿米尔再也没见过哈桑。

1979年，苏联入侵阿富汗，阿米尔和父亲移民到了美国。在这里，他在跳蚤市场爱上了阿富汗将军的女儿索拉雅，两个人终成眷属。结婚以后，阿米尔的父亲罹患癌症，在去世以前，他告诉阿米尔其实哈桑是自己的私生子，这戳中了阿米尔内心深处的痛点，他觉得自己和父亲都愧对哈桑一家人。经过四处打听，他得知哈桑已经去世，而哈桑的儿子被恐怖组织塔利班所绑架。为了拯救自己当年恩将仇报的卑劣灵魂，重新做回一个好人，阿米尔独自一人来到了塔利班控制下的阿富汗。在这里，他又一次见到了现在已经成为塔利班小头目的阿塞夫，为了带哈桑的儿子回美国，阿米尔遭到了阿塞夫的毒打。最终，阿米尔和妻子索拉雅收养了哈桑的儿子，实现了自我救赎。

我之所以喜欢这部电影，是因为主人公阿米尔身上体现了一个存在主义的经典命题，即"存在先于本质"。我相信很多人都听过这句话，这是萨特著名的哲学演讲《存在主义是一种人道主义》中广为流传的一句经典论断。这句话究竟是什么意思呢？

萨特是这样论证的：我们每一个人出生在这个世界上，都是一种"被抛"的过程。所谓"被抛"，就是"被抛弃""被撒播"的意思。这种"被抛"意味着，当你作为婴儿刚刚来到这个世界的时候，你是心无所属的。你的一切都是全新的，就像一张白纸一样。此时的你虽然已经"存在"了，但你并没有实现你自己作为"人"的本质。为什么？因为人的本质和动物的本质完全不同，动物的本质就是它自身所从属的生物类别，它的所有行为都由那种从生下来就已经完全被规定好的生物本能所支配，这种生物本能决定了动物的一举一动、一生一世。比如一只狗，从生下来它就已经是一只"合格"的狗了，它只需要学习那些基本生存技能，却不需要去学习如何实现狗作为狗的本质。

但人不一样，人的本质不是天生的，而是你需要用自己的一辈子去探索、去实现的。这种探索和实现的过程也就是一个人不断地进行自由选择的过程。换句话说，判断"你是谁"的标准只有一个，就是你这辈子做了哪些自由选择，这也就意味着人的本质从来不是固定不变的"现在完成时"，而是你用一生的"光辉岁月"去自我塑造、自我生成、自我成就的"正在进行时"。直到你离开这个世界，你作为"人"的本质才算完全实现，才有所谓"盖棺定论"。否则的话，只要你活在这个世界上一分钟，你的本质就仍然处于动态的生成过程之中，你的自由选择还是会继续影响你的人生。无论是他人还是你自己，都不能给自己贴上一个"坏蛋""完美""废物"之类的总结性标签，所以站在存在主义的角度来看，中文里的"人生"一词，它的真实内涵就是"人的自我生成过程"！

萨特进一步指出：不要把自由选择当作天上掉下来的馅饼。实际上，自由选择是一种沉甸甸的责任。无论你做出任何选择，你都不得不承担选择的结果。这种结果指的并不仅仅是选择之后你得到了什么，失去了什么，更重要的是你的自我认同感。比如你选择错了，你就会埋怨自己，就会难过、后悔，这种自责感要比错误选择造成的实际损失带给你的痛苦大得多！

因此，我们仔细观察就会发现，在现实生活中，很多人都患上了"选择恐惧症"。这些人恐惧自由选择，并不是因为如果他们选择错了，会给自己带来多么严重的物质损失，而是因为他们害怕如果选择错了，一种巨大的自责感就会随之而来，让他们感到钻心的痛苦。于是，当他们和朋友去餐厅吃饭的时候，不愿意自己点菜，而是把菜单推给别人；当他们求职的时候，害怕在几个工作之间进行取舍，所以干脆用掷硬币的方式"听天由命"；当暗恋自己心目中的"男神""女神"的时候，没有勇气表白，只能一直守株待兔。

对于"选择恐惧症"，萨特将它称之为"人的自我物化"。为什么这么说？因为物体是不能进行自由选择的，它永远是被动的，只能被人们任意支配，所以萨特是非常鄙视那些"选择恐惧症"患者的。在他看来，这些人就是物，因为这些患者背离了他们作为"人"的本质，他们不敢去自由选择，不敢去实现自己的价值，这样的人战战兢兢、胆小怕事、唯唯诺诺、不求进取，就像俄罗斯文学家契诃夫短篇小说《装在套子里的人》里的主人公一样，永远都是社会发展的阻力。

可能有人会说："人在江湖，身不由己。很多时候人都没有机会进行自由选择。"对于这种看法，萨特早就做了回应。他说任何外部环境都不能成为你逃避自由选择的借口。自由选择之所以有重要意义，之所以能够生成人的本质，完全在于它的过程，而不在于选择的结果。因为选择的结果是你无法左右的，但选择的过程却完全来源于你的自由意志。

萨特举例说，"二战"时期，一些法国警察充当了德军的伪军，他们帮德国人抓捕了大量法国籍的犹太人，然后将这些犹太人送进了纳粹集中营进行大规模屠杀。这些伪军后来被登陆法国的美国盟军逮捕，他们为自己辩护说："我以前当伪军也是人在江湖，身不由己，因为如果我不抓捕犹太人的话，纳粹就会杀了我。所以我实在没有别的选择，只能执行命令。"萨特认为这种理由完全是放屁，因为并不是没有选择，当时有两种非常明确的选择：执行命令或不执行命令。他们完全可以选择拒绝执行命令，用自己的死亡去换取做人的尊严和犹太人的生命，如果这样的话，那么就算是你死了，也是作为一个"人"而自由地选择去死。同样，如果选择投敌叛变的话，这也不是什么身不由己，这就是你的选择。你用你的尊严和犹太人的生命换取了你的苟且偷生。

因此，当你面对审判的时候，你说的什么"迫不得已"之类的话其实都只是你欺骗自我的借口。既然执行德军的命令是你的自由选择，那么你现在就必须为你自己的行为负责任。

既然连死亡都可以成为人的自由选择之一，那么其他任何的人生困境就更不能成为妨碍你自由选择的理由了，所以当你试图通过"找客观"的方式逃避责任的时候，你都是在自欺欺人。

电影《追风筝的人》中，主人公阿米尔和妻子已经在美国过上了富裕的生活，但他为了救出童年玩伴哈桑的儿子，还是毅然决然地回到被恐怖组织塔利班所控制的阿富汗。虽然他内心始终留存着对哈桑的愧疚之情，可他完全可以找各种借口把自己的选择扼杀在摇篮里，他可以对自己说："哈桑死了，所以我对他的伤害永远也弥补不了了，既然如此，反正我已经是一个恩将仇报的坏人了，又何必抛弃现在的幸福生活，去阿富汗冒险呢？"

但他并没有这样自欺欺人，因为就像萨特说的那样：人的本质不是固定不变的标签，而是一个永远处于"正在进行时"的动态生成过程。所以，只要你想成为一个好人，任何时候都不算晚。这也正如佛教典故中的教诲："放下屠刀，立地成佛。"对于阿米尔来说，虽然他曾经对哈桑犯下过忘恩负义的恶行，但这并不意味着他的本质已经尘埃落定了，因为只要他选择去阿富汗带回哈桑的儿子，他就可以救赎自己的灵魂，尽管这种选择充满了危险。当他重返阿富汗，救出哈桑儿子的那一刻，也就意味着他已经通过自己的行动重新选择了自己的本质，他以被阿塞夫打得伤痕累累为代价，做回一个真正的好人。我相信如果萨特看了这部电影，他也会为主人公阿米尔的自由选择而点赞。

可能有人读到这里，会产生一种质疑："萨特说人在任何时候都可以自由选择，但问题是，我过去经历的事情都已经发生了，我无法让时间倒流，所以我只能在过去的阴影下选择，这怎么能叫自由选择呢？"

实际上，萨特在他的著作《存在与虚无》中，就对这种质疑进行了回应。他说：虽然你人生所经历的事情都已经发生了，但这并不意味着"过去"就真的"过去"了，因为过去这些经历的意义并没有盖棺定论，恰恰相反，过去经历的意义本身就是由你当下的每一次自由选择所重新赋予的。他举了一个例子，如果你站在荒野，矗立在你面前的是一块大石头，这块石头已经存在了，这是事实，但它存在的意义却是不确定的，它的意义是由你当下的选择所赋予它的。如果你现在选择大步前行，那么它就成了你的绊脚石，但如果你现在选择登高望远，它反而成了你的垫脚石。所以说，这块石头扮演什么角色，完全由你现在的选择所决定。

在感情生活中，同样如此。很多人在遇到自己的"真命天子"之前会谈很多次恋爱，当你刚刚从那些爱情风暴中死里逃生的时候，你会觉得无辜，甚至会怨天尤人地想："为什么我要遇见他（她）？除了伤痛以外，他（她）还给了我什么？"直到将来有一天，你遇见了那个对的人，你才恍然大悟，你要感谢自己过去所遭遇的那些青涩懵懂的爱情，感谢那些奇葩的前任们，因为是他们让曾经少不更事的你懂得了，在这个世界上谁才是最值得你珍惜的。用现在的话说就是——"感谢你当年不娶之恩"，你的"现任"赋予了你的"前任"全新的意义。

再举一个真实的例子。我有一个朋友小刚，他已经过了而立之年，父母安排他相亲，那个女孩叫小文，他们两个人虽然都没有对彼此产生什么感觉，但毕竟门当户对，两个人还是决定成为男女朋友。然而，就像很多狗血偶像剧一样，小刚在工作中又认识了另外一个女孩小韩，小刚和小韩一见钟情，没过多久两个人就做了"羞羞的事情"。虽然女朋友小文不知道这一切，但小刚的内心深处却产生了巨大的愧疚感，这种愧疚感让他痛苦不堪，他不知道该怎么选择。为此，他还看了好几个心理医生，他们不约而同地批评了小刚的出轨行为，并且指出他应该悬崖勒马，重新回到女朋友小文身边。

上个月，小刚找到我，他一脸懊恼地对我说："我出轨是不是特别对不起小文？我是不是一个渣男？"

令他万万没有想到的是，我是这样回答他的："你凭什么把自己的行为定义为'出轨'呢？你和小韩的确发生了关系，但这并不等于出轨。因为发生关系这件事的性质并不是固定不变的，而是由你现在的选择所赋予的。如果你现在选择回到小文身边，那么你之前和小韩发生关系就是出轨，你就是渣男，你不仅背叛了小文，你还欺骗了她，因为你说过你并不爱小文，你爱的是小韩。你和一个自己不爱的女人在一起，就是对她最严重的欺骗。但如果你现在选择和小韩在一起，那么你之前和她发生关系的性质就不是出轨，而是弃暗投明，是为三个人的幸福开拓了一条光明大道。从此以后，小文不会再被你欺骗，你和小韩也有情人终成眷属。所以你之前和小韩发生关系这件事的性质究竟属于出轨还是弃暗投明，这完全取决于你现在怎么选择！"

听完我通过存在主义视角对这件事所展开的理性分析后，小刚顿时就感到舒筋活血，清心明目了。他立刻找到小文，把自己真正爱的女孩是小韩这件事告诉了她，虽然一开始小文也很难过，但后来一想：爱是不能强求的，长痛不如短痛。没过多久，两个人就和平分手了。从这个真实的例子也可以看出：萨特的存在主义哲学具有很强的现实意义，它不仅让我们勇于面对当下境遇，更有助于我们通过现实的选择去赋予过去一种全新的意义。

马克思：
你的行动决定你的情绪

常识：我现在感到特别生气，所以才需要大吵大闹来发泄一下，发泄以后我的心情就会变好。

卡尔·马克思（Karl Heinrich Marx）：行为决定情绪。你越大吵大闹你越生气，如果你想摆脱这种坏情绪，最好的方式就是坐下来，做一些开心状态下才做的事情，你会发现心情就慢慢平静下来了。

我相信很多人都非常喜欢一部美国好莱坞的经典电影——汤姆·汉克斯主演的《阿甘正传》。在这部电影中，有一个情节给我留下了深刻印象：阿甘独自一人进行长跑，直到3年2个月后，他穿越了大半个美国才停下来。在这个过程中，越来越多的人跟随他一起跑，还有很多记者在旅途中采访他："为什么您要长跑？您是为了和平吗？是为了女性权益吗？还是为了战火中的儿童？"然而，阿甘一边跑一边淡淡地对记者说："我只是想跑，没有别的原因。"其实，阿甘的母亲曾经对阿甘的一句嘱托正是阿甘不停奔跑的原因，那就是："当你遭遇内心伤痛的时候，你需要做的就是奔跑，一直奔跑。"

　　可能有人会对阿甘母亲的嘱托感到不解，为什么奔跑能够让人摆脱内心的伤痛呢？有趣的是，从这个情节的设定可以看出，编剧一定非常了解现代西方表现主义心理学。因为表现主义心理学认为：如果你要改变自己的心理状态，最有效的方式是改变自己的日常行为方式。然而，可能让你想不到的是，最早提出这个观点的是欧洲无国籍哲学家卡尔·马克思。

　　无国籍哲学家？马克思不是德国人吗？我相信读者会抱有这样的疑问。但事实上，1818年出生的马克思只在27岁以前是普鲁士人。

25 岁那年，马克思担任主编的《莱茵报》一直都在猛烈抨击普鲁士政府的专制与腐败，所以他就被普鲁士政府驱逐到了法国。27 岁那年，为了表达自己不屈的战斗意志，马克思干脆主动宣布放弃普鲁士国籍。在此之后，一直到 1883 年马克思去世，他从未加入过任何国籍。用马克思自己的话说，他是真正的"世界公民"。

由于马克思以批判资本主义社会制度作为自己人生的全部使命，所以他大半辈子都在英国、法国、比利时这些国家的驱逐和追捕中度过。在漫长的学术研究和革命斗争中，马克思一家人失去的不仅是国籍，还有原本富裕的物质生活。马克思一家人在经济上拮据到了什么程度呢？马克思在给恩格斯的一封信里调侃自己："未必有人会在这样缺乏货币的情况下来写关于'货币'的文章，以致窘迫到连邮寄研究'货币'的手稿（即《资本论》）的邮费都没有。"研究了一辈子资本主义的马克思本人什么"资本"也没有。因为贫穷，马克思和夫人燕妮的 7 个孩子中有 4 个都夭折了，马克思自己也最终在 1883 年因为没钱医治自己的肝炎而在书桌上溘然长逝。

"威武不能屈，贫贱不能移。"马克思的确是一个名副其实的大丈夫，尽管他完全可以像同时代的知识分子那样，获得博士学位以后找一份体面的工作，和贵族出身的妻子燕妮比翼双飞，富贵浮生，但这并不是马克思的人生理想。早在 17 岁那年，马克思就在自己的高中毕业论文《青年在职业选择时的考虑》中表达出了自己悲天悯人的鸿鹄之志，他说："如果我们选择了最能为人类幸福而劳动的职业，那么，重担就不能把我们压倒，因为这是为大家而献身；那时我们所感到的就不是可怜的、有限的、自私的乐趣，我们的幸福将属于千百万人。我们的事业将默默地但是永恒发挥作用地存在下去。面对我们的骨灰，高尚的人们将洒下热泪。"

24岁那年，马克思担任《莱茵报》主编期间，莱茵省议会通过了《林木盗窃法案》，这项法案将贫苦农民在冬天捡枯树枝视为"林木盗窃罪"，马克思在《莱茵报》上对这项法案进行了深刻的揭露与批判。自此之后，马克思的哲学研究就与人类的解放事业紧密联系在一起，无论是创立"第一国际"，还是声援"巴黎公社"，无论是历时40年呕心沥血的传世杰作《资本论》，还是卷帙浩繁的天鹅之作《历史学笔记》，马克思永远都在为世界上所有"被侮辱和被损害"的普通无产者摆脱资本主义制度的压迫而披荆斩棘、筚路蓝缕。在晚年的一次家庭聚会中，女儿劳拉向马克思提出了一连串关于马克思个性特征的问题，其中有两个问题是这样的：

劳拉："您对幸福的理解是什么？"

马克思："斗争。"

劳拉："您对不幸的理解是什么？"

马克思："屈服。"

这段对话就是后来著名的《马克思的自白》。在一问一答之间，我们可以看出：马克思从来就不是一个满足于在书斋里自娱自乐的学者，而是一个浪漫无双的哲学战士。他那种不屈不挠的战斗意志就像海明威在小说《老人与海》中塑造的那位"与其苟延残喘，不如从容燃烧"的古巴渔民一样，耗尽了自己的四方宇宙，只为诠释"生命不息，战斗不止"的硬汉精神。他在一首名为《海上船夫歌》的诗歌中写道：

我不能生活得安安静静，

因为夜间我常被吵醒，

时常听到令人惊恐的钟鸣，

和阵阵狂风的呼啸。

高高的天空在微笑，

我的前程自由远大，

我的视野从未像现在这样辽阔，

世界充满了我的胸怀。

如果我们从宏大历史的角度退回到微观现实，就会发现在马克思的哲学理论中，仍然有很多具体的观点对我们的生活大有裨益。在前文提到了表现主义心理学观点——行动决定心境。这个观点其实最早来自马克思的著作《德意志意识形态》。马克思认为，一个人如何表现自己，他自己就是怎么样的。不是意识决定生活，而是生活决定意识。说得简单一点，就是你在行动上展现成什么样子，你的心理状态就会被塑造成什么状态。当你的行动表现得比较积极的时候，你的内心也会变得乐观起来。相反，如果你的行动表现得比较消极的话，你的情绪也会跟着悲观起来。

到了 19 世纪末 20 世纪初，马克思的这个观点被美国哲学家、心理学家詹姆士继承，从而发展成为了直到今天仍然在西方具有重要影响力的心理学流派表现主义。表现主义又称为行动主义，它的核心观点就是"行动决定情绪，行动决定内心"。为了证明这个观点，当代表现主义心理学进行了大量实证研究，给我们摆脱自己的痛苦情绪提供了很多切实有效的指导方案。举个例子，21 世纪初最具影响力的英国表现主义心理学家理查德·怀斯曼就在他的代表作《正能量》这本著作中为我们如何拥有好心情给出了很多具体方法。

第一，有两组人参与"表情实验"，结果是"微笑组"的人们做出微笑的表情以后，他们真的感觉到自己变得快乐了，体内的正能量越来越多；而对于"皱眉组"人员来说，当他们做出"皱眉"表情以后，没过一会儿，他们就感觉莫名其妙的不开心，内心被负能量充满。

第二，人们不同的走路方式与情绪有着密切关联！大踏步走的人更容易变得快乐，而拖着脚走路的人就会感到心情越来越低落，负能量明显不断增多。

第三，为了提升你的自信心，你必须做出一些强有力的动作。如果你是坐着的，那么你就应该使劲往后倚，同时两只眼睛看着高处的地方，两只手交叉地放在大脑后面。如果你是站着的，那么你可以将双脚平放在地上，然后挺胸抬头，把两只胳膊放在桌子上，做出很强势的样子。

怀斯曼列举的一些表现主义心理学的具体方法能够让你快速地摆脱自己的消极情绪。

当然，和消极情绪比起来，抑郁症的危害显然大得多。在今天这个物欲横流，高强度、快节奏的后工业社会中，我们可以发现越来越多的现代都市人正受到抑郁症的困扰，世界卫生组织甚至把抑郁症与艾滋病等量齐观，将它们共同列为"21世纪人类生命健康的两大杀手"。特别是对于"80后""90后"来说，抑郁症的发病率似乎更高。

拿身边人来说，我有三个朋友患上了不同程度的抑郁症，其中程度较轻的朋友每次给我发微信，都会抱怨他现在做任何事情都觉得没意思，每天早上一睁眼就感到绝望，白天昏昏沉沉，百无聊赖，晚上又辗转反侧，夜不能寐。而那位患有重度抑郁症的朋友干脆不和任何人说话，整天四肢无力，手脚麻木，从早到晚都只想着一件事：自杀。去年秋天，他的老婆告诉我，他一直都在服用医生给他开的大剂量抗抑郁药物，这些药物让他有所好转，但状态仍然不太稳定。

既然马克思首创的表现主义心理学能够驱散情绪的负能量，那么它能帮助抑郁症患者吗？为了帮助我的这几位朋友，我翻阅了很多学术资料，终于惊喜地发现：答案是肯定的！表现主义心理学的作用绝非仅仅是"让你拥有好心情"这些小打小闹，它还能够有效治疗抑郁症！这种以马克思的表现主义心理学为理论基础，以调整日常生活作息为具体方案的身心疗法叫作"森田疗法"。

20 世纪 20 年代，日本医学博士森田正马创立了"森田疗法"。直到今天，"森田疗法"在日本、韩国、意大利、法国等国家仍然进行着大量医疗临床实践，几十年来，已经治愈了数以万计的抑郁症患者。它的基本原理就是通过重返自然的体力劳动来帮助个人重建健全的精神秩序。

森田疗法的具体方案分为四个阶段：

第一阶段：静卧阶段。

在治疗的第一个阶段里，抑郁症患者除了吃饭、喝水以外，其余时间一律躺在床上，不允许做任何消遣娱乐活动，也不能和别人说话，患者只能躺在床上直接面对自己的精神痛苦。无论多么焦虑，患者必须默默忍受，直到他出现积极活动的愿望。这就意味着这种什么也不能干的压抑逐渐超越了抑郁症本身带来的痛苦。第一个阶段大概持续两个星期。

第二阶段：轻工作阶段。

在这期间，除了保持白天 8 小时的静卧时间以外，患者需要做一些轻体力劳动，比如做饭、扫地、洗衣服等，为重体力劳动做准备。第二个阶段大概也持续两个星期。

第三阶段：重体力阶段。

这是整个"森田疗法"的核心阶段。患者需要尽可能地做大量重体力农业劳动，比如劈柴、种地、施肥、挖坑等。这么做的目的就是让他在行动上回归自然，回归人类的劳动本质，用本源的创造性活动来净化自我，重新建立自己的精神世界。这个阶段持续 1 个月左右。

第四阶段：恢复阶段。

患者和家人一起旅游，放飞自我，感受世界的丰富多彩，让患者体验到生活的美好。这个阶段要持续 3 个月。

经过四个阶段之后，患者的抑郁症症状会在很大程度上减轻，甚至痊愈。

我将"森田疗法"的详细操作步骤告诉那几位朋友和他们的家人。可喜的是，在今年上半年，我得知那几位患有抑郁症朋友的精神和身体都好多了。可以说，帮助他们的不仅是"森田疗法"，也是马克思所开创的"表现主义"心理学。如果你的朋友也被抑郁症困扰的话，不妨让他们试一试"森田疗法"。

无论是缓解消极情绪，还是治疗抑郁症，"表现主义"心理学都具有现实意义。读到这里，你还会说马克思的理论对个人生活毫无用处吗？

麦金太尔：
觉得活着没意义？那是后工业文明的典型症状

常识：因为我自己的心态太悲观了，所以才觉得活着没意义。

阿拉斯戴尔·麦金太尔（Alasdair MacIntyre）：不是你个人心态的问题，而是后工业文明的市场竞争和消费文化让你不得不经常改变自己的需要和人际关系，所以你必然会觉得生活没意义。

讲一个真实的故事。几年前，有一位国内著名卫视的女记者来到中国西北境内的某处偏僻农村进行采访报道。在炎炎烈日下，这位女记者看到一个十一二岁的小男孩正在独自放羊。于是，她前去问这个小男孩："小朋友，太阳这么晒？你为什么还一个人在这里放羊呢？"小男孩连想都没想就对记者说："我放羊是为了将来用卖羊毛的钱盖一间新房子。"女记者顿时来了兴趣，她继续问小男孩："那你将来盖新房子的目的是什么呢？"小男孩回答："盖新房是为了娶媳妇儿！"

　　"娶媳妇儿是为了什么呢？"

　　"娶媳妇儿是为了生娃。"

　　"生娃又是为了什么呢？"

　　"生娃是为了让他长大以后接着放羊！"

　　女记者回来以后，将她与小男孩的对话写成了报道，这篇报道引起了大家的关注，很多人认为：这个放羊娃太可怜了！他的人生简直就是由封闭的传统农业文明导演的一出悲剧。在这出悲剧里，愚昧无知的放羊娃活着的全部意义仅仅在于将原始落后的生产方式原封不动地延续至下一代。这样周而复始，就算几百年过去了，也不会有任何进步。

　　是的，如果你站在资本全球化时代的今天，通过主流西方经济学或者历史进化论的视角来看，我们每一个当代都市人似乎都有资格对这个放羊娃"哀其不幸，怒其不争"。然而，你有没有想过这样一个问题，无论是主流西方经济学，还是历史进化论，无论是商业媒体上那些陈词滥调的消费主义，还是微信公众号上那些老生常谈的爱情鸡汤，这些话语都有一种共同的叙事框架，那就是当代后工业文明在社会生活的各个领域都完全超越了传统农业文明。如果你不认同这个观点，那么你就会被当作一个很傻很天真的复古主义者，但历史的境况真的如此吗？如果所谓的"进步"只是资本为了给"经济发展有理，科技创新无罪"付出的惨重代价而进行的一种意识形态辩护呢？那样的话，我们还能否自欺欺人地沉浸在"当代都市人生活在应有尽有的天堂里，而放羊娃生活在一无所有的地狱里"这样一种迷信之中呢？

对于这个问题，出生于 1929 年的当代美国著名社群主义哲学家麦金太尔有自己独到的见解。他在其代表作《追寻美德》一书中，提出了与众不同的观点。他认为像放羊娃那样生活在传统农业社会中的个人，他至少有一种东西是我们这些当代都市人所缺失的，那就是生活的意义。

麦金太尔深刻地指出，在传统农业社会中，人类处于自然经济发展阶段，社会等级森严，所以对于绝大多数生活在那个社会的普通人来说，他的社会身份是固定不变的，他没有能力也没有意愿去改变自己的社会身份。尽管缺乏自由，受教育程度也普遍较低，但在客观上，只要一个人来到这个世界上，那么这种固定不变的社会身份就会一直赋予这个人一种终极的生存目的，这种生存目的不是外在的价值，而是一种周转于生命循环的内在价值，那就是他要扮演好自己的身份角色，并将这种身份角色世世代代地传递下去。他在这个世界上活一辈子就是为了实现这个目的，用麦金太尔的话说就是"经历人生就是向一个既定的目标前进，所以一个充实的人生也就是一种成就，而死亡不过是把个人判断为幸福或者不幸的那个点"。

正是这样一种终极性的生存目的，它本身就构成了个人日常生活的全部意义。举个例子，比如我是一个生活在前现代的农业社会，从事传统手工业的木匠，因为我不需要也不可能从事其他领域的工作，所以"木匠"并不是职业，而是我的社会身份、我的个性，它与我的生命紧密联系在一起，不可分割。对于我来说，我活着的目的很明确，就是扮演好"木匠"这个社会身份，并且将自己的这门手艺传授给徒弟，别让它断了香火。这种生存的目的也就是我生活的全部意义。所以，我每天尽心尽力地做好每一张桌子、每一把椅子，每天手把手地教徒弟做木匠活，都是有意义的，这些日常行为的意义就在于完成"扮演好木匠"这个身份角色的义务。当我离开这个世界的时候，我已经完成了自己身份角色所赋予的全部使命，我的人生也就完满了，死而无憾了。这就是在传统农业社会中，一个普通劳动者的一生。

再回到开篇说的那位放羊娃。同样的道理，对于放羊娃来说，由于他生存的环境远离都市文明，他所处的经济形态也是脱离于资本逻辑的简单商品经济，所以"放羊"这样一种生产方式是他和他的家族世世代代所扮演的身份角色。这个男孩一出生，他的人生就已经深深地嵌入了"放羊娃"这个身份角色之中。"放羊娃"这个固定不变的身份角色成为了这个男孩一辈子的生存目的，所以他活着的目的就是为了做好一个放羊娃，并且像他所说的那样，将自己的身份角色继续传递给下一代。这种自成一脉的生命循环为他每天的劳作赋予了内在价值，也就是说，无论是放羊还是盖房，无论是娶媳妇儿还是生娃，他做的每一件事情对自己来说都是有意义的，这些生命活动都是为了完成他人生的终极目标——将"放羊娃"这一身份角色一代代地延续下去。尽管这种人生意义在我们当代都市人看来实在太微不足道了，但至少，对于他个人来说，他每天的日常生活是有意义的。和他比起来，我们这些终日困在混凝土丛林之中，被囚禁在永远都在升级之中的物质消费牢笼的都市白领们，活着又是为了什么呢？找不到任何生活意义的我们，又有什么资格怜悯那些至少拥有明确生活意义的放羊娃呢？

在现实生活中，我们常常听到别人说："我觉得我的生活一点儿意义都没有！"的确如此，在21世纪的今天，我们已经进入了一个科技进步和经济发展同样日新月异的信息时代，然而，这也同样是一个生活意义彻底虚无化的"小时代"。很多"80后""90后"的白领人士年纪轻轻就开始怀旧，他们感叹自己已经老了，失去了人生的方向感。为了填补空虚的内心，重新找到生活的意义，有的人寄托于宗教，有的人沉浸于网游，有的人流连于夜店，有的人着迷于旅行。那么，究竟是什么原因让 21 世纪的都市白领们普遍感到自己的人生失去了意义呢？难道真的就像那些公众号鸡汤说的那样，问题的根源仅仅在于"我们自己的心态出了问题"吗？如果麦金太尔也持这种观点的话，那么他就不是哲学家，而是一个微信公众号写手了。显然，问题的实质要比"个人的心态"复杂得多。

实际上，麦金太尔真实的观点是：当代都市人之所以普遍无法感受到生活的意义，归根结底，是因为在这个资本逻辑全球化的时代，个人的身份角色不再是固定不变的。恰恰相反，我们每个人的职业、社会关系、消费喜好会一直处于永不停息的流动之中，而这种流动性，并不是完全来自我们的自由选择，并不一定是我们希望改变自己的身份角色，而是在资本逻辑的推动下，消费主义和工具理性通过大众媒体给我们进行灌输的结果。这种灌输导致的后果就是，为了跟得上这个不断变化的时代潮流，我们也不得不经常地改变我们自己的身份角色。

乍一听上去似乎很晦涩，但经过详细阐释，你一定会赞叹麦金太尔思想的深刻性。

首先，看现代都市人的职业。在市场经济形态下，除了国家体制内工作者以外，很少有人能在一家公司工作 10 年以上，就更别说干一辈子了。就拿我的表妹来说，她是一个很具有代表性的样本。作为"90 后"的她现在是一家广告传媒公司的文案策划。在毕业后 5 年间，她已经跳槽了 3 家企业，在这期间，有 1 次是老板炒了她，还有 2 次是她嫌工资低，把老板炒了。但现在的工作也并不是她事业的目的地，人往高处走，水往低处流，随着工作经验的增长和人脉圈子的扩展，将来她仍然有跳槽的打算。

和很多同龄人一样，职业对于她来说，与她的个性、身份、爱好都毫无关系，仅仅是她赚钱的工具而已。正如大多数白领一样，她从来不会把工作看成人生的意义，因为在她的人生旅程中，她会根据自己对于工资待遇的需要而不断改变，所以职业只是外在于她生命的一种"偶然性"而已。正是因为她会在自己的一生中经常改变自己的工作单位甚至职业属性，随之而来的是，她也会不断地改变自己的人际交往圈子。道理很简单：到了新的工作单位，和之前公司同事的联系自然而然就会变得越来越少；认识了"有用"的人以后，和那些"没用"的人发的微信也变得越来越简短。

尽管微信朋友圈里的通讯录名单越来越长，但表妹却发现和那些"好友"越来越无话可说，因为那些所谓的"好友"对她来说只是一个个的"人力资源"，同样，对于他们来说，我表妹也只是一个"人力资源"而已，资源和资源之间有什么好聊的？

其次，人际关系的流动性不仅来自职业的不断变动，更来自市场经济自身所具有的博弈性。作为一个市场主体，为了积累更多的物质财富，你必须在法律允许范围内想方设法地从别的市场主体那里攫取交换价值，别人也是如此。所以金钱对每个人而言都很重要，本身就具有排他性。这一种排他性导致了无论是陌生人还是你的亲朋好友，他们都会在社会关系上与你之间构成一种客观上的相互博弈结构。对于我表妹而言，无论她自己在心态上怎么看这个问题，在人际关系上，别人要么是她的潜在竞争者，要么是她的"人力资源"，这是由市场经济本身的博弈性所决定的，就算她不愿意如此也没有办法。

再者，变动的不仅是职业和人际关系，还有人们的消费喜好。和那些追求时尚、热衷于流行文化的"90后"女孩一样，我表妹也喜欢名牌，喜欢韩剧。从iPhone7到iPhone8，从李敏镐到宋仲基，这些流行符号就像微信头条上的娱乐新闻一样不停地更新换代。而我表妹呢，她为了跟得上时尚潮流的风云变幻，为了向自己的同龄人证明自己很成功、很时尚、很年轻，她也一直改变着自己的口味，刚买没多久的手机就扔掉了，刚穿没多久的名牌服装就换掉了，刚喜欢没多久的长腿"欧巴"就移情别恋了。对她来说，为了紧追时尚潮流飞快的变化步伐，她要不停地改变自己的消费喜好。

就这样，我表妹的职业、人际关系和消费喜好一直都处于这样一种从不停息的流动性之中。她的全部身份角色一直都在改变，在很大程度上，这种改变正是在资本逻辑的推动下才得以发生。既然日常生活的每个领域都在不停地发生着改变，那么对于她自己来说，她的人生又怎么可能会有方向感呢？我表妹告诉我她觉得生活没有意义。

是啊，如果我是她的话，我也会问自己："我是谁？"如果我的职业、人际关系甚至消费喜好都在不断改变的话，那么"我"作为"我"又具有哪种固定不变的身份属性呢？如果我连一种固定不变的身份属性都没有，那么我怎么可能拥有一种专属于我自己的人生目标呢？既然没有人生目标，我的生活意义也就无从谈起。无论我做任何事情，赚再多的钱，我的生活都没有意义，因为我无法扮演任何固定不变的身份角色，缺乏始终如一的人生目标。这恰恰是当代都市人普遍感到生活缺乏意义的根本原因。用麦金太尔的话说，生活意义陷入虚无化的境地不是个人的问题，而是一个"现代性"问题。如果人类社会的历史阶段不能超越资本逻辑主导下的"现代性"，那么生活意义的缺失将是我们每一个当代都市人不得不面临的尴尬境遇。

休谟：
一向如此 ≠ 应该如此

常识：其他像我这么大的女人都结婚了，我还是一直单身，我真的很担心自己嫁不出去了。

大卫·休谟（David Hume）：别的女人结婚了，你就应该结婚吗？"结婚"是事实，"应该结婚"是价值，事实是无法推导出价值的。

前几天，我和一位久未谋面的老同事一起吃火锅。在餐厅里，他一脸沮丧地对我说："胡老师，我真的对自己很失望。"我问他为什么，他告诉我："我都 30 岁了，还是一个处男，连个女朋友都没交过。你说我是不是特别失败？"我好奇地反问他："为什么当处男就失败呢？"他愤愤不平地说："你看看今天这个社会，别的男人像我这么大都结婚了，就算没结婚也交过好几个女朋友了。我竟然还是一个处男，多不应该啊！"我"呵呵"了一声，然后一本正经地对他说："别人在 30 岁的时候结婚也好，交女朋友也罢，这些的确是事实。但'是这样'并不意味着就'应该是这样'啊！同样的道理，你没交过女朋友，这也是事实，但为什么 30 岁的男人就不应该做处男了呢？你需要论证一下，否则我还是不理解为什么你会觉得自己失败。"

"你这话说得这么轻巧，肯定是因为你饱汉子不知饿汉子饥，你是不是在这方面已经身经百战，阅人无数了？"

"哈哈，你猜错了，和你一样，我也是处男。和你不一样的是，我已经 32 岁了。"

在现实生活中，和我这位同事拥有同样思维方式的人确实太多了。在他们看来，别人满足了那些欲望，"我"也应该满足自己的那些欲望；别人不去坚守某些原则，"我"自己也不应该坚守那些原则。从社会心理学层面来看，这是一种典型的"从众心理"，而从哲学的角度来看，这是因为他们完全混淆了"事实"与"价值"这二者之间的区别。在西方哲学史上，最早对这个问题进行澄清的是来自苏格兰的哲学家、历史学家大卫·休谟。

1711 年，休谟出生于爱丁堡，他的父亲是一个小庄园主，在休谟 3 岁那年就与世长辞了。休谟从小就是一个天资过人的"神童"，他 12 岁就进入了爱丁堡大学，刚开始的专业是法律，后来又转到哲学专业。三年后，15 岁的休谟就大学毕业了，他在一家糖果公司做销售，一开始，他工作很努力，但后来他一琢磨："不对啊！我可是一个富二代，没必要把时间浪费在赚钱这种'当下的苟且'上面，我需要的是诗和远方！"于是，在 1734 年，休谟前往法国旅行，在法国的四年间，刚刚二十几岁的休谟就创作出了在西方哲学史上留下浓重一笔的哲学巨著《人性论》。

《人性论》一书分为三卷，分别是《论知性》《论情感》和《论道德》。在这本结构缜密、气势恢宏的学术大作中，休谟的讨论几乎涉猎了哲学专业的所有领域，从本体论到认识论，从道德哲学到政治哲学，几乎就是一本 18 世纪的经验主义哲学百科全书。为了更加全面地了解休谟的思想，需简单了解《人性论》中涉及的几个重要命题。

1. 对于"因果律"的批判

休谟认为："因果必然性"本身并不是客观规律。他举了一个例子，在台球桌上，有一颗白球和一颗红球。当你用球杆打白球的时候，白球会撞击红球，然后红球会滚进球洞。在思维常识中，白球的滚动撞击是原因，红球滚入洞中则是结果，这似乎毫无疑问。但休谟却质疑这种常识，他说："在整个过程中，我们只是观察到了两个事实，一个事实是白球撞击到了红球，第二个事实是红球掉进了球洞。虽然第一个事实在第二个事实之前，但时间上的先后并不能推导出逻辑上的因果。"换句话说，尽管白球撞击发生在先，但并不能证明它是红球进洞的原因。类似的道理，在流火的炎炎夏日，阳光照射石头是一个事实，石头发热是另一个事实，虽然石头发热这件事出现在阳光照射石头之后，但按照休谟的观点，我们也不能因此而得出"阳光照射是石头发热的原因"这个结论。因为在客观上，这二者之间的联系并没有因果必然性。

休谟进一步指出，世界上万事万物的发生与运动，其本身既没有原因，也没有结果，所谓的"因果必然性"实际上只是人们看到事物出现的时间顺序的不同而产生的一种主观心理联想而已，久而久之，这种主观心理联想便成为了一种思维定式，人们将这种思维定式美其名曰"因果必然性"。我们知道，这种"因果必然性"正是人类所理解的自然规律，如果它的客观性都被质疑的话，那么近代以来，西方启蒙主义对于"科学精神"的无限推崇岂不成了一种固执的迷信？可见休谟思想的强大破坏力。正因如此，后来德国古典哲学家康德才说，正是休谟的《人性论》让他走出了知性独断论的迷梦。

2. 对于"自我"的解构

对于每一个人来说，究竟有没有一个固定不变的"我"？这个"我"的本质又是什么？如果"我"的本质是相貌的话，如果我整容了，那么整容之前我欠下的债务在整容之后还需不需要我偿还？如果"我"的本质是性格的话，那么假如一个软弱的人因为受到军事训练变得坚强，难道他就不是自己了？如果真的不是的话，那么军训以后他的父母朋友就都和他没关系了，这可能吗？显然，这是荒谬的。休谟认为，这个"我"既不是外貌也不是性格，而是人的"连续记忆"。当然，这种"连续记忆"并不要求"我"通过回忆自己前天晚饭吃了什么来证明"我还是我"。只要我能够回想起自己上一分钟做了什么，那么我就还是我。上一分钟我的行为和我现在的行为组成了一个"连续记忆"，这样一来，这个"我"就形成了，只要"我"形成了，它就不会再变成另一个人了。

3. 提出"感觉主义"道德哲学

究竟是什么成为了我们评价一种行为道德与否的标准呢？和后来康德的理性主义道德哲学不同，休谟认为：当我们对于一件事做出"很不道德"的评价时，我们的依据并不是理性，而是我们的感觉。用休谟自己的话说，就是"当你盯着报纸上对于那个犯罪分子所犯下恶行的描述时，都不会直接产生任何道德判断，直到这些描述让你的内心感受到了不舒服的感觉。这种痛苦促使你产生了对于这个罪犯的谴责之情"。也就是说，在休谟看来，一个人的行为究竟是道德还是不道德，这完全取决于这种行为带给其他旁观者的感受。

如果他们感觉很舒服，那么这件事就是善行；如果他们体验到的是痛苦，那么这件事就是恶行。

联想一下现实生活中观看抗战题材电视剧的经历，就会理解休谟的观点。当我们看到那些手无寸铁的妇女儿童遭受到日军集体屠杀的情节时，虽然我们知道自己坐在电视机旁不可能受到任何伤害，但仍然会不由自主地捂上双眼或者转过头去，并且内心会突然生出一种强烈的恶心感。当我们再次睁开眼睛面对屏幕的时候，我们会情不自禁地用愤怒的目光盯住那些在电视剧中杀害妇孺的日本鬼子，心里默念："这帮禽兽不如的浑蛋！"你看，这就是由旁观者的感觉所形成的道德评断。

上述的三个观点都来自休谟的《人性论》。这是一本极具常识颠覆性的著作，如果你本来就不相信人性的话，读了这本书以后，你会更不相信。

《人性论》的出版并没有在欧洲文化界产生多大反响，这让年轻气盛的休谟备感失望。休谟是富二代，并不缺钱，但他这个人并非是那种与世无争的世外高人。休谟最大的梦想就是当名人，上头条，吸粉丝，所以当他得知《人性论》的销量只有两位数，而且这其中的消费者还包括那些上厕所没带手纸的文盲打工妹时，休谟痛定思痛，做出了一个破釜沉舟的选择：改写《人性论》。为了适应市场的需求，休谟在保持《人性论》基本观点的前提上，彻底打破了著作的原有结构，删除了大量晦涩的哲学术语，加上了很多"心灵鸡汤"式的优美文字，然后以《道德原理研究》作为书名再次出版。这回，休谟打了一个漂亮的翻身仗，《道德原理研究》在很短时间内成为了整个英伦三岛的畅销书，甚至不久之后，还远销欧洲大陆，为休谟吸粉无数。站在今天的视角来看，休谟的"回马枪"之所以能够华丽转身，充分说明了"市场营销"作为当代重点大学的热门专业绝对名副其实。

1746 年，休谟想换一种生活方式，世界那么大，他想去看看。这个时期的欧洲正好爆发了奥地利王位继承战，休谟结识了圣克莱尔将军，进而以他私人助理的身份远征来到了维也纳。在这之后的十几年间，休谟撰写了名扬四海的历史学著作《英国史》，这部六卷本的大部头著作从罗马 - 不列颠时代一直写到近代英国的光荣革命，成为了直到今天仍然具有重要学术地位的历史学经典著作。

有趣的是，圣克莱尔将军本人这样描述休谟："他长了一张大饼脸，嘴巴也很大，看上去能吞下一个皮球。他身材肥胖，眼神似乎总在坏笑，当你看到他的时候，首先会把他当作一个腐败的政府官员，而不是什么哲学家。他的苏格兰口音很重，而且他还动不动就飙几句法国人也听不懂的法语，这让他在任何地方都显得非常可笑。"

1763 年，休谟来到法国巴黎，成为了英国驻巴黎大使的秘书。在这里，休谟认识了自己一生最为志同道合的朋友狄德罗，也正是在这里，休谟要了这辈子唯一一次流氓，和他的一位女粉丝做了一些"羞羞的事情"，然后又将她抛弃了。还有一件事不得不提，休谟在巴黎认识了法国著名哲学家卢梭，两个人一见如故，但遗憾的是，由于卢梭本人患有严重的"被迫害妄想症"，他后来固执地认为休谟和狄德罗要谋害他，这导致了他和休谟最终绝交。

晚年的休谟回到了爱丁堡，一直到1776年去世。在去世以前，休谟在日记中写道："我的敌人和朋友都应该感到高兴：敌人感到高兴是因为我马上就要死了，而朋友感到高兴是因为我终于不会再被这个嘈杂的世界所打扰了。"

了解休谟这位哲学家的人生经历以后，再回到一开始的问题。我的同事认为其他30岁的男人都交过女朋友，而自己到了30岁还是处男，这就是人生的耻辱。按照休谟的观点，他完全混淆了"事实"与"价值"之间的区别，休谟在《人性论》中指出：我们永远不可能从"是"中得出"应该"的结论，与"是"相互连接的只能为"不是"，而与"应该"相互连接的只能为"不应该"。这就是说，"一向如此"并不意味着"应该如此"！无论你列举多少事实，都不可能成为你认同这种价值的理由，所以即使这个世界上所有30岁的男人都有了老婆或者女朋友，我也不能依据这个事实而得出这样的结论：我"应该"找一个女朋友。因为"交女朋友"只是事实，而"应该交女朋友"则是价值，"事实"无法推论出"价值"。

可能有读者会提出这样的问题："就算'事实'和'价值'不是一回事，那么这个理论和我们的现实社会又有什么关系呢？"当然有！休谟的这个观点至少在两个方面对我们的现实社会有所启示。

第一，有助于很多现代都市人摆脱从众心理的困境。

在消费主义大行其道的今天，很多人都在盲目跟风。譬如，看到别人都在玩《绝地求生》，自己觉得"我"也应该"吃鸡"；看到别人都在给网红刷礼物，自己觉得"我"也应该给"宝宝"刷个"航空母舰"；更有甚者，一些都市白领女性看到自己的闺密都名花有主了，自己觉得"我"也应该找个男人结婚了。

但就像休谟所说的那样，别人的这些行为都只是事实，事实的数量再多也不能转化为价值。当你说"我的朋友都结婚了"，这句话本身只是一个事实判断句，但它无法得出"我也应该结婚了"这样一个价值判断的结论。因为"结婚"和"应该结婚"完全是两码事。"结婚"作为事实，它有可能是幸福的，也有可能是不幸的，所以"结婚"本身是中性的，并不值得追求。而"应该结婚"之所以是一种价值追求，是因为你首先在生活中拥有了这样一个与你志趣相投、彼此相爱的伴侣，你自然而然地产生了与这个人厮守终生的愿望，所以对于你来说，"应该结婚"才成为一种你所要追求的价值。假如你在遇到这个人之前，仅仅因为看到同龄人都结婚了就给自己预先设定"应该结婚"这个目标的话，那么即使你找到了那个愿意和你结婚的人，你也很难获得幸福。因为你的价值追求从一开始就出生于错误的地点，这个错误的地点就是"别人都结婚了"这个"事实"。

第二，有助于你重新审视理想与现实的关系。

这几年，有一句网络流行语风靡一时："理想很丰满，现实很骨感。"一些"80后""90后"以此作为借口而完全放弃了自己的理想，但问题是，"理想"是价值，"现实"是事实，按照休谟的观点，事实再残酷，也不能因此得出"放弃追求价值"的结论。因为就算你为了生存而苦于奔波，为了赚钱而忙于应酬，这些都只是你暂时无法实现理想的阻力，但是"现实阻力很大"根本不能推导出"我应该放弃理想"这样的结论！你完全可以既尊重事实又坚守价值：一边在现实中韬光养晦，努力打拼，蓄势待发；一边将自己的理想坚固地保存在自己的灵魂深处，不忘初心，永不言弃。这二者有什么矛盾呢？别忘了周星驰在电影中的那句经典台词："没有理想的人和咸鱼有什么区别？"别说咸鱼，就连活鱼都是没有理想的。对于一条鱼来说，这个世界只有事实，没有价值。它眼中的世界只有"是"，"这是食物""这是同类""这是危险"，从来就没有"我应该×××"这样的价值追求，因为对于它来说，它只是一条鱼，它这一辈子完全都在遵循生理本能生存，它只能适应世界，无法改变世界。

而对于人类来说则截然不同，因为你是一个人，所以你面前的世界不仅仅有事实，还有价值。对你来说，"世界是×××"固然重要，但还有一种更为重要的思考方式："世界应该变得×××。"这种价值追求促使你完善自我、发展自我，进而努力改变这个世界上仍然存在的那些种种不合理之处，为推动人类文明的进步而做出自己的贡献。可以说，正是因为有了"世界应该变得×××"的价值追求，人类的历史车轮才会不知疲倦地奋力前行，而这，正是休谟对于每一位心怀理想之我辈的心灵寄语。

叔本华：
你若是强者，就向自己的悲剧喝彩

常识：面对人生的各种悲剧，我无能为力。

亚瑟·叔本华（Arthur Schopenhauer）：人生有很多悲剧是无法避免的，但如果你能学会把自己当作观众，欣赏自己的悲剧，你会发现自己的人生其实很美很艺术。

阿尔·帕西诺是美国好莱坞最负盛名的男演员之一，他主演的《教父2》《闻香识女人》都成了世界电影史上的经典之作。有一次，阿尔·帕西诺接受电视节目采访时，主持人问他："对于你来说，表演艺术除了作为职业以外，还能给你带来什么？"阿尔·帕西诺的回答是："表演这门艺术就像一面镜子，它可以让我在生活中观察到自己的情绪，这样我也就不会被这种情绪所困扰了。"可能很多人都不理解阿尔·帕西诺这段话的意思，但是至少有一个德国人会表示认同，因为这个德国人早在一个多世纪以前就表达过同样的观点。有趣的是，这个德国人不是演员，而是一位哲学家，他就是叔本华。

　　如果有人问"谁是女权主义者最喜欢的哲学家"，那么这很有可能会成为一个无解的伪问题。但是，如果有人问"谁是女权主义者最讨厌的哲学家"，我相信，叔本华一定是备选答案之一。

　　1788年，叔本华出生于但泽，也就是现在波兰的格但斯克。父亲是一名成功的银行家，母亲比父亲小二十多岁，是一个美女作家，专门写"霸道总裁爱上我"这类情爱小说。从叔本华长大懂事以来，他每天都生活在父母永不停歇的争吵怒骂之中。如果放到现在，很多孩子可能会选择以沉迷网络游戏的方式来逃避现实，可是叔本华那个时代既没有《王者荣耀》，也没有《绝地求生》。何以解忧？唯有读书。因此，叔本华从小就博览群书。

叔本华 17 岁的时候，他父亲的尸体被人在河里发现，不知道是自杀还是他杀。叔本华的母亲一点也不悲伤，反而大喜过望，因为她本来就很讨厌自己的老公，她觉得自己的老公就是一个没颜值没品味的土豪，现在她可以毫无顾忌地拿着土豪的钱去找那些小鲜肉了。于是，她把房子卖了，搬到了魏玛（Weimar）。在那里，她每天出没于纸醉金迷的贵族沙龙，沉浸于"只可意会不可言传"的感官生活。

面对母亲的冷酷无情和自甘堕落，叔本华怒不可遏，他一路杀到魏玛，正义凛然地对母亲说："我那份遗产你什么时候给我？"母亲也不是省油的灯，她怒斥叔本华铺张浪费，是个无所事事的败家子。当然，吵架归吵架，最终，母亲还是把家产的一半分给了叔本华，但这也是叔本华最后一次见到母亲。从那以后，两个人相忘于江湖，再也没见过。叔本华也因此开始鄙视世界上所有女人。

1811 年，叔本华在柏林大学攻读哲学专业。1814 年，叔本华获得了博士学位，博士学位论文是《论充足理由律的四重根》。德国大文豪歌德专门撰写文章夸奖叔本华，认为他的才华可以与哲学大师黑格尔比肩，但晚辈叔本华却压根没搭理歌德，因为在博士论文里，叔本华指名道姓地骂黑格尔是一个愚昧无知、让人恶心的江湖骗子。这件事启示我们：书评有风险，站台需谨慎。

1819 年，叔本华出版了他自认为具有里程碑意义的哲学著作《作为意志和表象的世界》。这本书的论证逻辑和具体观点显然受到了印度哲学的影响。然而，出乎意料的是，这本书出版以后，无人问津，完全卖不出去。文化界也对这本书采取置之不理的态度，既没有赞誉，也没有批评，这让叔本华感到大失所望，所以他对媒体说了这么一句话："要么就是我配不上这个时代，要么就是这个时代配不上我。"结果书没火，这句话火了。直到今天，仍然有很多郁郁不得志的文艺青年将叔本华的这句话作为自己的座右铭。

虽然叔本华在出版业遭遇滑铁卢，可是他总算在柏林大学获得了一个编外讲师的职位。什么叫编外讲师？用今天的话说，就是"知识型网红"，上课相当于直播，大学相当于 App（软件），收入就靠学生打赏。你挣多少钱完全取决于有多少学生来听你的课。叔本华是个不差钱的富二代，他当编外讲师只有两个目的：第一，传播自己的思想；第二，和黑格尔 PK（对战）。没错，黑格尔也在这所大学教哲学。

叔本华特意选了和黑格尔同样的时间开课，目的就是把所有黑格尔的粉丝都吸引过来，当着他们的面戳穿黑格尔哲学的反动嘴脸。从这一点可以看出"信华哥，得自信"。要知道，黑格尔在当时可是整个欧洲哲学界的当红炸子鸡，他在德国思想界的声望无人能及，而叔本华却只是一个默默无闻的滞销书作家。这种鸡蛋碰石头的精神正是我们的励志楷模。最后的结果可想而知：同样的时间，不同的教室，黑格尔的课堂是座无虚席，晚来的学生有的坐在地上，有的站在门口，还有的把自己当作钟表挂在墙上，他们都是为了来领略黑格尔哲学体系的高屋建瓴。

再看看叔本华的课堂，那真是惨不忍睹：教室里一共只来了三个人，一个是来睡觉的，一个是来欣赏窗外风景的，只有一个学生认真地听了一会儿，然后才发现自己走错教室了！

面对骨感的现实，愤愤不平的叔本华只是淡然一笑："老子不干了！" 1833 年，叔本华离开了柏林，前往法兰克福，在那里度过了自己余生的 27 年。在这段时间里，叔本华也没闲着，他每天都在写作与思考，还给丹麦科学院投过两篇稿子，分别是《自由意志》和《论道德的基础》。然而，树欲静而风不止。

叔本华的邻居是一位人老心不老的大妈，每天都会邀请她的朋友来家里做客，大家一块儿吃饭喝酒，然后一起在客厅里跳"广场舞"。问题是，叔本华最害怕吵闹，有一天，他去找邻居理论，反而被那位能撕会怼的大妈给骂了一顿。

因为母亲的堕落，叔本华一辈子都讨厌女人，这次互撕让他更加火冒三丈，气急败坏的叔本华推了一下大妈，不知道是因为叔本华力气太大还是大妈碰瓷，这位大妈摔下了楼梯。虽然没有生命危险，但大妈的腿骨折了，没办法跳广场舞了。作为经济赔偿，叔本华不得不为这位大妈负担生活费和医疗费。几年以后，这位大妈去世了，叔本华在自己的日记中写道："我心中的大石头终于落地了。"这件事是很多人眼中叔本华仇视女性的证据，也成了叔本华人生的污点。

三十年河东，三十年河西。这句话放在叔本华身上非常合适。到了19世纪中期，欧洲资本主义的野蛮生长让人们逐渐领略到工业文明的残暴，黑格尔哲学体系虽然包罗万象，但那种历史进步论的妄自尊大和理性万能论的冷酷无情似乎越来越不合时宜。正是在这样的背景下，人们开始寻求满足他们精神需求的心灵鸡汤。巧合的是，正是在1851年，叔本华心血来潮，他整理了几十篇投稿被退回来的散文随笔，集结成一本通俗读物《附录与补遗》，自费出版。万万没想到的是，这本书一经问世就洛阳纸贵，销售一空，人们争先恐后地去书店抢购，叔本华终于上头条了！

　　这种意外的走红总在历史中不断上演。20世纪90年代中期，周杰伦刚踏入音乐圈不久，他写给别人的很多歌都被退回来了。2001年，周杰伦把这些被退回来的歌整合成专辑《范特西》。唱片公司本来没对这张专辑抱多大希望，但结果是，《范特西》在一年之内就卖出了170万张，这张专辑一下子就把周杰伦推上了华语流行乐坛的巅峰。

　　而对于叔本华来说，他的《附录与补遗》之所以销售火爆，是因为里面随处可见睿智的真知灼见，譬如"人，要么庸俗，要么孤独"，还有"没有人生活在过去，也没有人生活在未来，现实是生命确实占有的唯一形态"。可以这么说，当代文艺青年脑海中的叔本华基本就是这本随笔集的化身，只不过现在的出版商太狡猾，他们把这本书的锅底盛出来，加上不同的作料，熬制成各种味道的鸡汤，然后再统一贴上"叔本华牌"的商标。

很多人都认为叔本华是一个悲观主义者。因为叔本华认为，我们看不见太阳自身，只能用眼睛感受到夺目的光芒，我们无法碰触整个地球，只能双脚站立在辽阔的大地上，整个世界只是每个人自我意识所感知的表象。这种自我意识总是要通过欲望来确证自己的存在，而欲望所引发的后果有两个：第一，满足了欲望；第二，没有满足欲望。如果欲望得到了满足，人们会感到无聊倦怠，然后寻求新的欲望；如果欲望没有得到满足，那么人们会感到痛苦不安。因此，叔本华说："生活就像摆钟，在痛苦与无聊之间摇摆。"

然而，给叔本华贴上悲观主义者的标签其实是一种偏见。因为悲观主义和乐观主义的区别不在于看清生活如何对待我们，而在于领悟我们应该如何面对生活。叔本华并不认为人类只能在痛苦与无聊的生活面前束手就擒，他提供了两种有助于人们获得解放的路径：

第一，宗教路径。人通过皈依宗教，消灭自我意识，这也就铲除了欲望所引发的无聊与痛苦，类似于佛教所讲的破除"我执"。

第二，艺术路径。人将自我意识对象化，通过艺术审美的视角来欣赏自己的痛苦与无聊，这是叔本华原创的观点。所谓"自我意识的对象化"，说得通俗一点，就是你能够跳出自己的意识，站在旁观者的视角，像观众坐在电影院里看电影一样，一边吃爆米花一边津津有味地欣赏自己的传记电影。在电影院里，悲剧会让观众落泪，但不会让观众伤心。落泪是因为观众被悲剧的艺术魅力所感动，在悲剧的情节中获得了巨大的艺术享受，眼泪实际上是观众对于电影艺术成就的喝彩。之所以不会为此伤心，是因为观众很清楚这只是电影，你不可能将电影中的情节与自己真实的人生功利地联系在一起，而是通过艺术审美的视角来欣赏电影本身。因此，离开了电影院以后，观众会继续自己的现实生活，不会因为电影角色的悲剧而让自己痛不欲生。

叔本华的意思其实就是把观众欣赏电影的心态搬到现实生活中。当你遭遇生活的悲剧时，如果你能从艺术审美的视角来观察自己的话，你会发现原有的那份痛苦会逐渐转化为一种壮丽的美感。因为你能够从"只缘身在此山中"的狭隘视角中抽离出来，站在局外人的视角，像观众一样"欣赏"一个和你一模一样的人的悲剧，这就是"自我意识的对象化"。

举个例子，我有一个女性朋友，前不久，她和交往 8 年的男朋友分手了，每天以酒浇愁，以泪洗面，痛苦万分。她来找我，寻求帮助。我给她的建议是：用手机视频记录你现在的痛苦，明天咱们一起看视频。

第二天，她又来找我。我们一起花了 6 个小时在电脑上看完了她昨天的自拍视频。在视频里，她时而无精打采，时而自言自语，时而对着电视痛哭流涕，时而对着空调大喊大叫。我一边看视频一边观察她的表情，微妙的变化发生了：刚开始她心不在焉地四处张望，后来她就全神贯注地盯着屏幕，深深地叹着气，眼泪在眼眶里打转，最后视频结束了，她像电影散场时的观众那样，打了一个呵欠。我问她怎么样，她说："感觉像在看一部悲伤的文艺片，挺凄美的。"听到她这么说，我明白她已经好多了。因为当你因为失恋而感到痛苦的时候，你是用功利的角度来看待自己的处境，你的欲望无法满足，所以你也不会用"凄美"这样的概念来描述自己的感受。但如果你以观众的视角在荧幕上看到一个失恋者生动自然的演出，你反而能从艺术审美的角度来仔细品味这一出爱情悲剧的凄美。这就是自我意识的对象化。

你可能会问：自我意识的对象化难道只能通过手机自拍吗？不一定！让我们再次回顾阿尔·帕西诺在采访时说的话："表演这门艺术就像一面镜子，它可以让我在生活中观察到自己的情绪，这样我也就不会被这种情绪所困扰了。"阿尔·帕西诺摆脱消极情绪的方式正是叔本华的艺术路径，而他之所以能将自己的意识对象化，是因为使用了表演学的基本功"内心视像"。

如果你读过表演学大师斯坦尼斯拉夫斯基的著作《演员的自我修养》，你会懂得"内心视像"的概念，它的意思是你可以通过自己心灵的想象来获得视觉上的画面感。阿尔·帕西诺是一个出色的演员，他可以通过自己的内心视像来观察自己的行动和表情。其实每个人都可以做到这一点，为了提升想象力，你要经常通过镜子来观察自己的一举一动，日积月累，你虽然不会拥有专业的演技，但当你因为欲望难以满足而悲伤难过的时候，你能够通过内心视像捕捉到自己当下生命状态的画面，从而把自己的生活当作自我意识的对象，以叔本华的艺术路径来获得内心的解脱。

现在你应该明白了，叔本华不是悲观主义者，而是像法国作家罗曼·罗兰所说的那样："世界上只有一种真正的英雄主义，那就是认清生活的真相后依然热爱生活。"虽然叔本华揭露了生活的悲剧本质，但他的目的却是激励人们像观众一样勇敢地欣赏自己的悲剧，而不是沉浸在痛苦中怨天尤人。这才是真正的乐观主义，你若是强者，就向自己的悲剧喝彩！

第欧根尼：
消化不良，山珍海味又如何

常识：为了将来我能实现自己的梦想，我得先拼命赚钱，积累物质条件。

第欧根尼（Diogenēs）：你会发现一个很有意思的现象，物质条件永远都积累得不够，因为你会逐渐把手段当作目的，而原来的梦想则变成了自欺欺人的口号。

1972 年，诺贝尔文学奖授予了德国小说家海因里希·伯尔。伯尔这位作家可谓是著作等身，但我最喜欢的是他写的一篇短篇小说，这篇小说叫《优哉游哉》，讲了这样一个故事：

　　一个衣着邋遢的渔夫躺在欧洲西海岸的沙滩上悠闲地晒着太阳。正在这时，旁边有一个游客路过此地，他好奇地问这位渔民："今天的天气难道不适合出海吗？"渔夫摇摇头，反问道："今天万里无云，风和日丽，为什么不适合出海呢？"游客的表情显得愈加困惑了，他再也按捺不住心中的疑问："那么，为什么您不出海呢？"

　　渔夫回答得很干脆："早上我已经出海了。"

　　游客接着问："您捕的鱼多吗？"

　　渔夫说："不少，我的鱼篓已经装满了四只龙虾，还捕到差不多两打鲭鱼……这些鱼，就是一个星期也够我吃了。"

　　游客同情地看着这个衣衫褴褛的渔民，他觉得这个人很可怜，完全缺乏一个成功者应该具备的进取精神。于是他开始以教育的口吻对渔民说："您试想一下，要是您今天第二次、第三次甚至第八次出海，那您会捕到三打、四打、五打甚至十打的鲭鱼。您不妨想想看会收获什么。"

渔夫一脸无辜地看着游客。

游客接着说："要是您不光今天，而且明天、后天，每逢天气好都两次、三次甚至四次出海——您知道那会怎样？顶多一年，您就能买到一台发动机，两年内就可以再买一条船，三四年内您或许就能弄到一条小型机动渔船。用这两条船或者这条机动渔船您也就能捕到更多的鱼——有朝一日，您将可以建一座小小的冷藏库，或者一座熏鱼厂，过一段时间再建一座海鱼腌制厂。您将驾驶着自己的直升飞机在空中盘旋，寻找更多的鱼群，并用无线电指挥您的鱼船，到别人不能去的地方捕鱼。您还可以开一间鱼餐馆，用不着经过中间商店就把龙虾出口到巴黎。"

渔夫突然呵呵笑了起来，他问游客："然后呢？"

游客兴奋地说："然后，您的人生就成功了，那个时候，您就可以躺在海边优哉游哉地欣赏海景了。"

"可是，现在我已经这样做了。"渔夫轻松地说，"我本来就躺在海边优哉游哉地欣赏海景啊！"

听到这句话，游客彻底没词了，他若有所思地离开了海滩。这些年来，他一直认为，现在的辛苦打拼是为了有朝一日的优哉游哉。然而，此时此刻，在他心里，对这个衣着寒酸的渔夫已没有了同情，反而有了羡慕。

这是一个发人深省的故事。在故事的结尾，那个游客之所以会对渔民产生羡慕之情，是因为他发现渔民很清楚什么是他自己人生追求的价值，什么是为实现这一价值而需要采取的手段，而游客自己却将这两者本末倒置了。我相信，如果古希腊哲学家第欧根尼读到这篇小说，他也一定会将故事中的那位渔民视作自己的同道中人。

第欧根尼生活在公元前 4 世纪古希腊的科林斯城，据说他在年轻的时候，干过很多违法乱纪的事情。他曾经私自铸造假币，结果被逐出了城邦，晚年的时候，只要第欧根尼听见年轻人嘲笑他当年造假币这件事，他就会语重心长地说："你无耻的样子颇有我当年的风采。"

后来他来到雅典，拜苏格拉底的学生安提斯泰尼为哲学老师，所以按辈分来说，苏格拉底是第欧根尼的师爷。就像金庸的武侠小说有"星宿派""昆仑派""华山派"等形形色色的门派一样，古希腊哲学界也有各种稀奇古怪、脑洞大开的门派，像什么"花园派""智者派""苹果派""煎饼派"等等。第欧根尼加入的这个门派叫"狗狗派"，后来国内学术界为了让中文译名雅致一点，就翻译成了"犬儒派"。你可能会问这个门派为什么叫"狗狗派"呢？难道因为这个门派的人都是铲屎官吗？当然不是，真实的原因是，"狗狗派"的哲学家们认为希腊各个城邦的道德规范和文化礼仪并不是文明的产物，相反，这些都是希腊人伪善和无知的掩饰，所以在生活中，与其做一个道貌岸然的人，不如做一只返璞归真的狗。

虽然安提斯泰尼是"狗狗派"的创始人，但毫无疑问，是第欧根尼的出现，才让"Cynicism（犬儒主义）"真正成为一种直到今天仍然在西方社会具有一定影响力的文化哲学。

作为"狗狗派"的代表人物，第欧根尼行为乖张、放荡不羁，从不按套路出牌。他总是独自一个人睡在木桶里，以乞讨和捡拾垃圾为生。有一天，一个年轻人看到第欧根尼在讨饭，非常轻蔑地对他说："如果你是残疾人，我就给你点钱。可你有手有脚，居然还在这里要饭，我凭什么给你钱？"第欧根尼哈哈大笑，反而讽刺那个年轻人说："你给那些残疾人钱，是因为他们身体残缺，而你自己大脑残缺，所以你在他们身上找到了共鸣感。你之所以不给我钱，是因为你自己知道永远不会拥有我的智慧，所以你在我这里找不到共鸣感。"你看，多么霸气外露的论证！第欧根尼简直是史上最傲娇的乞丐。

根据古罗马学者拉尔修在《名哲言行录》中的记载，第欧根尼写过十几本哲学著作，可惜都遗失了，但他身体力行，一直都在践行"狗狗派"的生活哲学，为我们留下了很多好玩的奇葩事迹。

有一次，第欧根尼在大街上当众用左手做"不可描述的事情"，引来路人的指指点点。有一位老人一边吃东西一边骂他恬不知耻，第欧根尼反而质问那位老人："食欲和性欲都是人类自然的欲望，为什么你当着那么多人的面满足自己的食欲，可你自己却一点都不感到丢人？而我在街上满足性欲，怎么就成恬不知耻了呢？"这样看来，第欧根尼不仅是"狗狗派"哲学家，还是行为艺术的开山鼻祖。

还有一次，其他城邦的军队大兵压境，马上要打仗了，全城的居民都厉兵秣马，修建工事。一个军官看到第欧根尼还在木桶里睡大觉，就生气地把他叫醒，对他说："大家忙得不可开交，你也得干点什么吧！"第欧根尼马上回答："长官放心，我肯定不闲着。"于是，全城的居民看到了这样一幕：一个衣服破烂不堪的乞丐把木桶当成了玩具，推着它从城东滚到城西，又从城西滚到城东，玩得不亦乐乎。

在第欧根尼的人生逸事中，最让人津津乐道的就是第欧根尼和亚历山大大帝的会面。亚历山大大帝骑着马，在随从的陪伴下巡视城邦。他看到街上有一个乞丐靠着木桶晒太阳，就上前问他："朕乃征服者亚历山大，尔等何人？"第欧根尼答道："吾乃'狗狗派'掌门人，第欧根尼是也。"第欧根尼名声在外，虽然不是什么好名声。但亚历山大早就听说过第欧根尼这位哲学家，他很热情地对第欧根尼说："您有什么需要我为您做的吗？"没想到，第欧根尼丝毫不买账，他一脸轻松地说："我只要你为我做一件事，那就是，不要挡着我晒太阳。"

听了第欧根尼的回答，亚历山大后来和别人说："如果我这辈子没成为亚历山大的话，那么我宁愿当一辈子第欧根尼。"

看到这里，你可能会理解为什么我会说第欧根尼会把《优哉游哉》那篇小说里的渔民当作与自己志同道合之人，因为他们都是能够将生活中的目的和手段辨析得非常透彻的人。

为了解释这一点，再回顾一下《优哉游哉》。在故事里，那位游客本来是想以一个"成功者"的姿态来教育渔民。在他看来，渔民胸无大志，不求上进，懒惰笨拙，渔民现在应该用所有的时间、所有的精力去捕鱼，等资本积累得足够多了，再购买新设备，扩大再生产，捕捉更多的鱼，以此不断反复。直到有一天，钱赚够了，才能踏踏实实地享受生活。游客的这种思维方式就是标准的资本逻辑。说得简单一点，资本逻辑就是：如果你要想获得某种享受，那么你应该把精力和时间用来积累物质条件，等你拥有足够多的物质条件以后，你想怎么享受就怎么享受。

听上去没毛病，但渔民的回答却像晴天霹雳一样给了这种资本逻辑当头一棒，他说："我本来就躺在海边优哉游哉地欣赏海景啊！"这句话的意思是：我现在就是在享受生活啊！既然我已经实现了这个目标，为什么还要浪费那么多精力和时间去攒钱买什么新设备呢？

渔民的回答是典型的生活逻辑，这种生活逻辑直接瞄准了资本逻辑中两个无法反驳的逻辑漏洞：第一，优哉游哉是目标，资本积累是手段，既然这个目标在当下就能轻而易举地实现，那么为什么还需要耗费大量精力和时间来使用这些手段呢？第二，等到资本积累到一定程度，那已经是很久以后的事情了，你怎么知道那个时候的自己还会把优哉游哉地享受生活当作目标呢？你怎么知道那个时候的自己还会拥有"面朝大海，春暖花开"的诗情画意呢？

游客对渔民的态度之所以从同情变为羡慕，就是因为他发现自己的资本逻辑在渔民的生活逻辑面前显得不堪一击。同样的道理，虽然古希腊城邦还没有出现资本主义经济制度，但亚历山大本人的思维模式也是上述的资本逻辑，他有一句名言："我来，我看见，我征服。"对于亚历山大来说，他积累的资本不是货币，而是土地。然而问题是，当他已经失去了在温暖的土地上沐浴夕阳的闲情逸致，那么纵然疆土横跨欧亚，对亚历山大本人又有何用？亚历山大征服的土地最终成为了让他殚精竭虑的"压力山大"。再看第欧根尼，虽然他只是一介草民、一个乞丐，但他的生活逻辑却和小说《优哉游哉》中的渔民如出一辙，同样富有智慧：我需要的只是悠闲地晒太阳，所以无论你是谁，都请你别挡住我的阳光。

第欧根尼的生活逻辑对于今天的人们来说非常具有启示性：如果你现在就有梦想、有目标需要你去实现，就不要以缺少物质条件为名义，推迟你的追求。否则的话，即便有朝一日物质条件成熟了，那时候你会发现，今天的你已经不再是原来的你了，因为长久以来，你对于物质条件的执迷早就吞没了你感受最初梦想的能力，手段摇身一变成了目的本身。这就像"筷子兄弟"在《老男孩》这首歌中唱的那样："任岁月风干理想／再也找不回真的我／抬头仰望这漫天星河／那时候陪伴我的那颗／这里的故事你是否还记得／生活像一把无情刻刀／改变了我们模样……"

然而，在当今的市场经济社会中，还是有很多执迷于资本积累而舍本逐末的人。就像娱乐圈的一些明星，他们刚刚毕业的时候，是怀揣艺术梦想的，他们告诉自己："金钱只是我实现艺术理想的敲门砖。"可现实却是，他们手上的敲门砖赚了一筐又一筐，但他们距离艺术之门却越来越远。在我们身边，也经常会看到这样的例子。有些"80后"新婚夫妇，他们结婚以后，信誓旦旦地向彼此保证：为了让彼此更幸福，一定要努力赚钱。然而，当他们将大多数时间用来出差和应酬以后，夫妻之间的沟通交流反而以"忙"为名义被无限期地推迟。就这样，钱虽然赚到了，可夫妻之间的感情却变得越来越淡薄了，有不少"80后"夫妻都因此婚姻破裂。当我们把全部注意力都放在手段的积累上以后，手段就会最终变成新的目的，而原有的目的反而被遗忘了。

再举一个真实的例子。我有一个大学同学，也类似于这种情况，他是一个标准的"吃货"。

6年前，他告诉我，他的梦想是吃遍天下美食，为了早日实现这个梦想，他在这几年里废寝忘食，把所有的时间和精力都用来进行市场拓展，结果呢？他在这6年间存了很多钱，但因为长期劳累过度，饮食不规律，他被查出胃癌早期，不得不动手术切除自己的胃。就这样，他现在积累了足够吃一辈子生猛海鲜的物质条件，但可悲的是，他却失去了自己的消化功能，现在就算满桌山珍海味，又有什么意义？这些反例其实都共同体现出了一种犬儒主义式的寓意：如果你拥有自己的价值追求，那么就不要以积累条件为名义而拖延，想做马上就去做。这也正是第欧根尼的生活逻辑给我们的警示。

第 二 章

情感的生肉——关系的重构

德波：
你只是微信朋友圈的奴隶

常识：社交媒体只是工具，刷新微信朋友圈只是我生活的点缀。

居伊·德波（Guy Debord）：你不用时刻紧赶信息潮流的脚步，大多信息是与你无关的，在往自己的脑子里填满垃圾信息的过程中，你会成为信息潮流的奴隶，并渐渐忘记自己的真实需要。

2016 年 4 月，NBA 传奇球星科比正式宣布退役。当时我的微信朋友圈里发生了一件让人哭笑不得的事情。公司里有一位永远紧跟时尚潮流的"90 后"美女同事，科比的告别之战还没结束，她就转发了一篇微信公众号的文章，这篇文章的标题是《再见了！科比》，内容大概是回顾了科比的职业生涯，以及他对于 NBA 文化在世界范围内的传播做出的重要贡献。然而，我那位美女同事在转发这篇文章的同时，还写上了一句自己的"感言"："愿天堂没有病痛，一路走好，科比。"这条动态发布以后，朋友圈里立刻就炸了锅，所有人都在留言板上吐槽，说她不仅缺乏体育常识，而且根本就没有认真阅读过她自己转发的文章，仅仅因为文章标题是《再见了！科比》就想当然地误以为科比是因病去世了。这实在太荒诞了！

第二天，这位美女同事来公司上班，其他同事都像观赏珍稀物种一样注视着她，这让她感到非常尴尬。我当时很好奇，就问她："你很喜欢 NBA 吗？"她不好意思地回答说："不太喜欢，没看过。"

"那篇文章你看过吗？"

"大概浏览了一下，没细看。"

"那你为什么转发这篇文章呢？是因为你觉得这篇文章写得好吗？"

她支支吾吾了半天，脸都憋红了，最后告诉我："也不是。我就是因为看到很多人都在转发这篇关于科比的文章，我还以为他死了呢，所以也想蹭一下热点，要不然就显得自己太跟不上潮流了，然后我就转发了，想不到是科比退役了。对不起，是不是让你这个球迷生气了？"

我语重心长地对她说："我不是球迷，也没有生气，更没有笑话你的意思。我只是想说：其实这不是你一个人的问题，就算是对于那些知道科比退役的人来说，他们大部分人转发这些新闻或者文章也并不是出于对篮球这项运动的热爱。他们转发的目的其实和你一样，都是为了蹭热点，都是为了向朋友圈证明：我是紧跟时代潮流的人，一点也不落伍，你们知道的新闻我也知道。换句话说，他们转发这些新闻热点的目的仅仅是为了成为别人眼中的'潮流人士'，所以他们并没有资格笑话你，因为你们同样都被微信朋友圈，被这个信息时代绑架了。"

听了我的这一番长篇大论，美女同事盯着我的眼睛看了好一会儿，然后对我说："胡伟老师，你真是一个哲学疯子，这么平常的一个问题，你竟然能想这么多？"

"你别恭维我了，这可不是我自己原创的思想，而是 20 世纪 60 年代法国哲学家德波的理论，虽然他的那个时代还没有微信朋友圈，但他已经在《景观社会》这本著作中对我们在信息技术高度发达的今天面临的各种信息绑架的现象做出了深刻的预言。"

的确，在我与美女同事的对话中，我提到的德波正是 20 世纪法国最具有思想前瞻性的哲学家。

1931 年，德波出生于法国巴黎的一个商人家庭，在他 5 岁那年，父亲去世了，从此以后便家道中落。为了还清父亲当年欠下的债务，德波不得不和母亲一起搬到戛纳郊区的贫民窟生活。在这里，他见证了太多贫富差距和种族主义导致的血淋淋的暴力，德波的性格也因此变得愤世嫉俗。一种反抗资本主义强权与不公的革命意识孕育而生，它也构成了德波一生的心灵线索。

　　1951 年，德波从戛纳公立中学毕业，这张中学毕业证也成为了他这辈子唯一一张学历文凭。有学者说，德波是 20 世纪国际学术界学历最低的哲学家，这话一点也不假。中学毕业以后，德波做过建筑工人、记者、餐厅服务员等职业，但他本人最感兴趣的领域却是电影和哲学，于是他用大量业余时间在剧组做剧务，去图书馆研究马克思的《资本论》。1957 年，德波与范内格姆（Raoul Vaneigem）、德赛托等艺术家一起创建了一家在西方艺术史上留下了浓墨重彩一笔的激进先锋艺术组织——情境主义国际。

　　为什么要创立这个组织？是因为德波等艺术家发现在现代资本主义工业化大生产的经济制度下，在工作中，人们日复一日、年复一年地重复着机械性的劳动，人类的创造力被资本扼杀。在日常生活中，人们也被冰冷的水泥混凝土所构建的高楼大厦隔绝，见面的时候除了会寒暄一些毫无情感投入的客套话以外，他们的内心深处已经被虚伪冷漠所覆盖。

　　正是在这一背景下，"情境主义国际"创立了。它的宗旨是要在生活方式上与强大的资本工业化体制进行对抗，重新唤醒人们的思维创造力和真挚的人道主义情感关怀。具体来说，就是艺术家们通过微型建筑、街头绘画、装饰艺术、行为艺术、实验电影等方式制造出一个个全新的"情境"，普通民众在观赏到这些"情境"以后，他们会立刻感受到一种与现实社会格格不入的强烈疏离感，这种疏离感会促使他们对于经验现实中的各种异化现象进行反思，从而让自己在生活方式上不断超越资本逻辑的消费主义文化对他们的束缚。"情境主义"还提出了一个颇具文化号召力的口号："我们拒绝用一个极度无聊和麻木的社会来消除饥饿的威胁。" 到了20世纪60年代中期，"情境主义国际"已经发展成了当时欧洲最大的左翼激进艺术组织，特别是在欧洲高校里，大学生们对于情境主义国际的艺术作品如痴如醉。

1968年5月，为了反抗资本主义生产制度极力向大众灌输的消费主义和工具理性意识形态，法国巴黎爆发了大规模的学生示威游行和工人罢工的运动，这场声势浩大的群众运动迅速在整个欧洲西部四处开花，甚至波及到了美国，直接引发了美国的黑人民权运动和嬉皮士运动。在西方文化史上，这场"五月风暴"被学术界誉为"人类有史以来第一场不是为了面包，而是为了蔷薇的革命"。正是在这场运动中，"情境主义国际"发挥了组织上的中流砥柱的作用。而在文化宣传上，"情境主义国际"也向欧洲高校的大学生们传播了社会主义中国的革命历史和革命理念。1972年，随着冷战冲突的升级和学生运动的衰落，"情境主义国际"宣布解散。

对于德波个人来说，"情境主义国际"标志着他实验电影的导演生涯的开端和高潮，从 20 世纪 50 年代末到 20 世纪 70 年代初，他先后拍摄了《关于在短时间内的某几个人的经过》《疏离批判》《我们一起游荡在夜的黑暗中，然后被烈火吞噬》《景观社会》等多部电影。从这些电影名字就能看出来，这些片子和我们今天看的那些主流电影大相径庭，用德波自己的话讲，这些都是"反电影"。从今天的角度来看，德波的这些电影的确过于先锋了，它们既没有连贯的情节，也没有固定不变的人物，它们完全是一些看上去彼此没有任何关联的画面的剪切，有路人毫无意义的对话、总统的演讲、工厂女工的忙碌场景、歌手的搔首弄姿以及法国军队大规模的作战演习等。实际上，德波就像一个影像的裁缝一样，他将这些风马牛不相及的画面剪切在一起，目的不是为了讲述什么故事，而是为了向人们澄清：一个资本主义社会制度在总体上是如何运作的，以及它是如何控制西方人的思想的。直到 2001 年，这些电影才在威尼斯电影节上进行大规模公开放映。

长期以来，国际学术界对德波都有一个略显戏谑的评价：他是哲学水平最高的电影导演和电影拍摄水平最高的哲学家。作为一位思想深刻、视角敏锐的哲学家，德波这辈子只创作过两本哲学著作，一部是出版于 1967 年的经典之作《景观社会》，另一部是发表于 1988 年的长篇论文《驳斥所有对电影＜景观社会＞的判断，无论褒贬》。在这两本打破了主流学术书籍的刻板文字风格，完全以"语录体"创作而成的著作中，德波妙语连珠，金句频出，对于在资本全球化的信息时代背景下，将人类自由困于无形之中的景观社会进行了深刻而猛烈的批判。

"情境主义国际"解散以后，从 20 世纪 70 年代到 20 世纪 90 年代初的 20 年里，德波独自一人居住在法国的偏远乡村，成了一个寄情于山水的隐士，他再也没有在公共媒体上露面，也很少有什么新作品问世。直到 1994 年，在留下了一篇对于人类未来彻底绝望的遗书以后，德波用他左轮手枪里一颗和自己的思想同样锋利的子弹打碎了自己的脑壳，和西方主流文化战斗了一辈子的德波就这样选择了从容燃烧。

我和美女同事在对话中谈到了德波的《景观社会》，在这本哲学著作中，德波的主要思想是什么呢？首先，这本著作的书名"景观社会"正是贯穿全书的核心。什么是景观社会？德波认为随着信息技术的发展和资本全球化进程的加快，人类必然将进入这样一个历史时期，在这个历史时期里，人们消费的商品被新媒体彻底地符号化、影像化。而人类之间彼此的直接交流沟通也被这种符号化、影像化的虚拟形态所取代，由此产生的后果是：每个人认识他人，认识世界，甚至认识自己都完全以影像符号为依据。没有这种影像符号，你将寸步难行。而且这种影像符号不再仅仅是一种认识手段或者交流工具，而是日益变成一种社会评价机制，一种在大众看来比真实世界还要"真实"的网络世界。德波将这个历史时期称之为"景观社会"。

如果你认为这些表达有些晦涩的话，不妨用一些更加通俗的方式来诠释德波的思想。我们今天生活的时代就是德波预言的景观社会，这个景观社会有三大基本特征：

第一，我们评价他人社会身份的标准越来越脱离于现实世界，越来越依赖网络媒体塑造出的影像景观。

每当我们认识一个新朋友的时候，我们首先会下意识地选择刷二维码，加他的微信，以后和他主要的交流方式不再是面对面沟通，也不再是打电话，而是发微信语音或者文字信息。微信朋友圈不是人际关系的点缀，它本身几乎已经成为了我们人际关系的全部，也就是德波说的那个日益控制我们文化生活的"景观"之一。它不仅仅是我们每个人彼此进行沟通的媒介，更是一种评价标准。我们会不自觉地相信：一个人在微信朋友圈里是什么样子，他自己在生活中就是什么样子。每年父亲节母亲节这两天，你的朋友圈里都会出现大量的"微信孝子"，他们会直白地表达出"我爱你，妈妈""我爱你，爸爸"这样的话语，但在生活中，他们可能已经很久不给父母打电话了。他们只是像演员一样在微信朋友圈中塑造一个孝子的角色，通过这种方式来获得他人对于自己人格形象的认可。

不仅如此，在微信朋友圈里秀恩爱、秀豪车、秀豪宅、秀旅行的也大有人在。我们在生活中越来越迷信于通过他人所分享的"景观"来判断这个人的生活状态：微信朋友圈里秀豪车豪宅的，不是销售小姐就是富二代；秀旅行的一定是有钱有闲有情怀的文艺青年；秀恩爱的一定是"新好男人"或者"中国好女友"。我们很少质疑这些朋友圈照片的真实性。相反，我们把虚拟影像当作评判在某个社会事件中孰对孰错的标准，一个典型的案例就是，某著名视频网站的宣传语是——无视频，无真相。

这个看似夸张的口号反映的正是景观社会最普遍的意识形态：我们只关注、只相信那些在视频中呈现出来的东西，哪怕视频中的影像并不是事实的全部，而只是其中一部分。

在一个转发率很高的视频中，一个美国的黑人大妈动手打了美国白人警察一巴掌，然后戛然而止。网民们一开始的反应是，狂赞白人警察面对居民的无理挑衅，仍然能够表现出较高的职业素质和道德品质，可后来随着这个事件完整真相的公布，网民们的舆论立刻就有了180°的大反转：原来那个黑人大妈并没有开车违章，但美国警察却以蛮横的态度对黑人大妈进行非法拘捕，并且一拳将黑人大妈打翻在地，黑人大妈的那一巴掌实际上只是在进行合法的自我防卫，而这之后的事情视频也没有拍完，那个警察一下子就把黑人大妈按到了地上，拳脚相加。而在那个被转发的视频中，人们只看到了黑人妇女掌掴白人警察这件事，就片面地将这个事件的碎片当作事件的全部。在这一过程中，人们的理性思维被影像景观所钳制，除了影像景观中的内容以外，一切前因后果都被驱逐出了我们的思维视野。

更可怕的是，一旦某一个社会事件，或者曾经的社会公众人物不再被媒体所报道，这个人、这个事情就会迅速被人们所忘却，而这正是传媒领域的流行用语——"封杀"。这个词非常生动，深刻地道出了景观社会是如何杀人于无形的：就算你是一个明星，可一旦你在媒体上的曝光率下降到一定程度以后，用不了几年，人们就会彻底忘记你，如同你已经被媒体所"杀死"一样，而对于那些真实发生的社会公众事件来说，人类的选择性失忆症更是完全被景观所操控，一旦媒体不再报道社会公众事件的后续进展，即使事件的受害者所受到的影响仍然存在，但网民的大脑数据库却已经将它们迅速清空了，就像这些事情从未发生过一样。这就是德波所说的，人们只记住了景观，却忘记了真实。

第二，媒体营造的景观符号本身具有一种强制性，它会不断更新，这种更新速度会越来越快，而内容却越来越缺乏深度。

人一旦被这种景观符号所绑架，他就会把"是否获取最新的景观符号"当作判断自我和他人是否跟得上时代潮流的首要标准，而完全忽视了自我与他人的真实需要。

在现实生活中，这里所说的景观符号就是指那些每过几分钟就会自动更新的网络新闻，比如娱乐八卦、社会热点等。当然，这其中也包括实时刷新的微信朋友圈。只要你细心观察一下，就会发现，在地铁或者公交车上，几乎所有人都在不约而同地"向下看齐"。没错，他们都在刷新闻，看朋友圈，人们普遍患上了"红点强迫症"，只要看到微信"发现"那一栏上出现的红点，就会情不自禁地点进去看看，因为这意味着大家又开始关注什么新的热点事件了。可能你会说："只要我愿意，有什么不可以吗？"问题在于，你确定你刷朋友圈、刷热点是你的自由选择吗？还是你被某种文化强制力所绑架了呢？

举一个例子，前几天，我在上班的时候，听到身边两位同事窃窃私语：

A：关××和鹿×竟然在一起了！

B：他们早就在一起了，你怎么刚知道？太落伍了！

A：你喜欢他们吗？

B：没什么感觉。

A：那你怎么那么关注他们的感情？

B：不是我关注他们，而是我关注娱乐新闻，这可是大家都知道的信息，如果我不知道的话，那我和你一样太落伍了。

通过上面的对话，不难看出 B 的心理其实很具有普遍性。在他看来，娱乐新闻本身变成了一种评价一个人"是不是很落伍"的标准。如果大家都在谈论，都在关注一个新闻热点，而只有你不知道的话，那么你就很落伍。如果大家知道的娱乐热点你也知道，这才能证明你仍然年轻，仍然跟得上时代前进的脚步。这也就意味着：他不断地刷新微信朋友圈，不断地去关注这些所谓的新闻热点，并不是出于自己对于这些新闻的兴趣，而仅仅是为了向他人，也向自己证明自己是一个紧跟潮流的"主流人士"。而正是由于这些新闻热点、娱乐八卦所构成的景观符号会永无止境地进行更新换代，昨天还是大家茶余饭后重要谈资的热点新闻到了今天就变成了无人问津的"凉菜"。

景观社会正是这样一个"信息爆炸"的时代，但问题是，这些实时更新的信息绝大部分毫无营养，都是一些既无深度也无广度的垃圾信息，它们不会对个人生活产生什么真正的影响，更不会让人获得某种持续性的快乐。相反，它们会掏空人们的灵魂，让人们感到内心空虚。

太多的人都像我的同事 B 一样，他们的"红点强迫症"完全不是出于自由选择，而是被景观符号操控、强制的结果。他们之所以把工作之外的大量时间都用来关注这些垃圾信息，仅仅是为了证明自己"紧跟潮流"。新闻资讯不断更新，他们的大脑也一如既往地做着"清空垃圾信息—获取垃圾信息—清空垃圾信息—获取垃圾信息"的机械性劳动，这和他们每天上班不是出于个人价值的实现，而仅仅是为了挣钱糊口有什么区别呢？如果一个人仅仅是为了金钱而不得不选择上班，显然没人会把这样的工作状态称之为自由选择。同样的道理，为了向社会证明自己"不落伍"而耗费大量时间精力去关注这些自己也觉得没什么意思的垃圾信息，这种娱乐生活当然也不是自由选择的结果，而是一种完全被景观符号牵着鼻子走的"愚乐生活"。以前那位美女同事也是如此，她对体育毫无兴趣，但仅仅为了向朋友圈证明"你们知道的，我也知道"而转发了那篇关于科比的文章，但她自己却连文章具体内容是什么都不知道，就算她没有写下那句被大家嘲笑的话，难道就不是浪费生命吗？就不是自欺欺人了吗？而在这背后，恰恰是景观符号作为一种巨大的文化强制力在作祟。

第三，一旦某个景观符号的关注度形成，它就会成为摇钱树，获得资本的青睐。

所以，在景观社会中，人们趋之若鹜地希望自己成为景观符号的一部分，成为被别人观看的对象，为达到这个目的，人们不惜在精神上和肉体上做出毫无下限的自残行为。

这几年出现了一个新的行业发展领域——"网红经济"。对于那些拥有大量粉丝的"网红"来说，他们在直播中做任何事情，唱歌、跳舞、聊天、游戏，甚至就连吃饭睡觉都会获得粉丝们刷出来的"豪华游轮"。德波在创作《景观社会》的时候，还没有互联网，但他的深刻之处正是在于他精准预测到在未来的信息时代，景观符号会成为一种新的货币，他称之为"景观货币"。用我们今天的话说，这种货币就是所谓的"流量"，只要你的"流量"达到了一定程度，你就会成为那些直播平台所签约的"网红艺人"，你的一言一行、一举一动都能吸引粉丝为你"打赏"。在现实社会中，越来越多的男女老少，为了积累这样的"景观货币"，都开始疯狂地热衷于网络直播。人们直播旅行、婚礼、说笑话、喊麦、"吃鸡"、做菜、发呆，几乎所有的日常生活都被用来当作直播内容。更有甚者，为了吸引眼球，直播吃虫子，直播打架，直播自杀。这种自残行为以自己的生命安全作为代价，只为了一个荒谬的目的：让自己成为别人观看的景观符号。

对于这样一种"头可断，直播不能断"的行为，德波将其形容为"镀金的贫困"。为什么这样评价？因为，这些直播行为和演员、歌手的表演完全不同。演员对于每一个角色的塑造都是一次对自己演技的磨炼，歌手对于每一首歌曲的演绎也是对自己唱功的锻造，这些磨炼与锻造都会作为一种沉淀的积累，不断提升他们的艺术技巧和艺术修养。但对于那些直播日常生活的网红来说，就算他们占有的"景观货币"再多，获得的关注度再高，他们自己的个性人格也不会有任何成长，专业技艺也不会有任何提升，从这个层面来说，他们一直在毫无意义地耗费自己的生命。这就是"镀金的贫困"。

　　看完德波这位杰出的"哲学预言家"对于我们今天这个"景观社会"三个基本特征的分析，当你再次打开微信，看到"发现"上面那个红点的时候，你是否会感到不寒而栗呢？

奥卡姆：
只要你能讲故事，就别谈概念

　　常识：为了让别人接受我的观点，我应该直截了当地把我脑海中的理论灌输给别人。

　　奥卡姆（Ockham，William of）：相比抽象理论，具体案例更能深入人心，所以你要多讲故事，少谈概念。

让我们来看一个真实的故事：

　　清末民初的时候，中国文化界有一位学贯东西、举世瞩目的旷世奇才，那就是辜鸿铭。辜鸿铭是真正意义上的学霸，早年在德国留学，一口气拿了 13 个博士学位，他精通英、法、德、意、日等 9 门外语。1913 年，辜鸿铭凭借他的学术著作《中国人牛津运动故事》与印度作家泰戈尔一起获得了诺贝尔文学奖提名，当时蜚声全球的大作家毛姆、芥川龙之介都是他的朋友。有一次，在公开演讲结束以后，有一个美国的女记者找辜鸿铭进行采访。那位美国女记者问："听说你们中国男人常常是三妻四妾，这是为什么呢？"辜鸿铭是一个信奉传统儒家思想的人，他用英文给这位女记者讲了半天"君为臣纲、父为子纲、夫为妻纲"。但那位美国女记者还是觉得莫名其妙，最后，辜鸿铭没办法，他指着桌子上一个长嘴的茶壶说："你在喝茶的时候经常见到一个茶壶配三四个茶杯，可是你什么时候见过一个茶杯配三四个茶壶的？"女记者听了以后，恍然大悟，终于听懂了。

　　在这个真实的故事中，为了论证"为什么中国男人可以有三妻四妾"这个问题，辜鸿铭一开始讲了很多非常抽象的儒家哲学理论作为论据，但女记者却听得一头雾水，后来辜鸿铭改变了论证方式，他用茶壶和茶杯的关系作为例证，终于让女记者听懂了他的观点。如果用欧洲中世纪的著名哲学家奥卡姆的话来解释辜鸿铭为什么会用例证代替抽象理论的话，那就是"如无必要，勿增实体"。

奥卡姆是谁？奥卡姆是一位中世纪的神学家。1285 年，他出生在英国的约克郡，青年时代，他到牛津大学学习神学专业。但奥卡姆和当时其他的神学家不同，他是一个个性叛逆的人，总是表达一些和主流神学界不同的言论，所以常常遭到批判。我们知道，在欧洲中世纪，信仰至上，教会至上，正因如此，奥卡姆不久就被牛津大学开除了。后来，他跑到法国，这次麻烦更大，当时的教皇约翰二十二世认定奥卡姆是一个异端分子，从而将他囚禁在修道院里长达四年之久。

1328 年，奥卡姆和其他两位修道士一起来到德国，在这里，他终于找到了靠山，这就是当时的德国皇帝路易四世。这位路易四世也是一个霸气外露的牛人，在政治政策上，他竟然敢公开和教皇对着干。奥卡姆为了表示英雄惜英雄的相见恨晚之情，对路易四世说："你用刀保护我，我用笔保护你。"就这样，奥卡姆和路易四世结成了"反抗教皇二人组"，在路易四世的授权下，奥卡姆甚至公开发表言论，声称约翰二十二世是伪教皇。这真是"君子报仇，十年不晚"。奥卡姆的意思很明确："你敢说我是异端，我还说你是异端呢！"奥卡姆和路易四世的"CP"关系一直持续到 1349 年，奥卡姆因为当时欧洲流行的黑死病去世。

有意思的是，当代有一些西方学者称奥卡姆是"西方传播学之父"。为什么这么说？因为奥卡姆对后世影响最大的并不是他的神学思想，而是他提出的一个重要的传播学观点，就是前面所讲的那句话："如无必要，勿增实体。"什么意思呢？要想理解这句话的真实内涵，得先了解一下当时的哲学文化背景。

　　在欧洲中世纪的哲学界，专门从事哲学研究的都是修道院的修士和神父。在奥卡姆生活的时代，欧洲哲学界分为两大派别，一派叫"唯名论"，另一派叫"实在论"。唯名论的观点是：世界上所有具体的事物，它们所属的类别都只是抽象的概念，并不真实存在。举个例子，世界上存在的是一只只具体的喵星人，比如折耳猫、波斯猫，并不真实存在一只抽象的"猫"。那个所谓的"cat"只是一个名字而已。而实在论认为：抽象比具体的东西更真实。"猫"这种抽象的概念比折耳猫、波斯猫的存在更真实，只不过"猫"并不存在于现实中，而是存在于天国中，所有现实中具体的猫，都只是在模仿那种抽象的"猫"。唯名论和实在论之间的争论旷日持久，互不相让。奥卡姆说的"如无必要，勿增实体"的一个最基本的用意就是声援唯名论，这句话的意思是说：如果抽象的概念无法帮助我们对具体的事物产生进一步的认识，比如那只传说中存在于天国的猫，它对于我们了解现实中的喵星人毫无帮助，对于这种想象出来的抽象概念，我们应该把思维当作剃刀，将这些没用的概念彻底剔除掉。

　　当然，"奥卡姆剃刀"之所以闻名于世，是因为"如无必要，勿增实体"这个观点已经超越了中世纪的思想背景，而成为了一种传播学原则。奥卡姆认为在现实生活中，无论我们要向别人传播什么样的观点，只要你希望能让更多人认同你的观点，那么你就一定要掌握这个基本规律：传播观点的方式越具体、故事越多、案例越多，观点就越容易让人们信服。相反，如果你的传播方式越抽象、理论越多、概念越多，你的观点就越难让人们接受。换句话说即是，人们普遍喜欢听具体的故事，不喜欢听抽象的概念，所以为了传播自己的观点，让别人信服自己，你的最佳方案是多讲故事，少讲概念。对于那些多余的抽象概念，你要尽可能用思维的剃刀把它们剔除。

在现代社会中，奥卡姆的观点已经成为了一个传播学的共识。在公司的项目讨论会上，怎样让你的客户或者上级认同你的策划方案呢？显然，如果你在 word 文档上直接用文字概念抽象地阐述自己策划方案的观点，然后发到别人的邮箱，说服力会非常弱。所以，我们通常的做法是，直接做成 PPT，概念阐述为辅，图片和例子为主，用形象生动的故事来解读自己的策划方案。那样的话，上级和客户会更容易接受你的方案，因为他们会觉得更有意思，能够被你的表达方式所吸引。同样的道理，在微信朋友圈上，人们常常会转发一些公众号的鸡汤文，如果你仔细观察，就会发现，相比那些长篇大论的文章，更容易被人们转发的是那些漫画式的情景故事，著名的"暴走漫画"就是通过一个个有趣的小故事来展现作者对于社会现象的看法的。公众号上的这种小故事总是能刷爆朋友圈，这正体现出奥卡姆的先见之明。

在文化传播领域，越是深刻的理论，越需要多讲故事，少谈概念。举个真实的例子，20世纪90年代，国内有一位著名的经济学家给企业家们普及经济学知识，他对企业家们讲："什么是第一产业？就是喂牛，养羊。什么是第二产业？就是杀牛，宰羊。什么是第三产业？就是吃牛肉，喝羊汤。什么是文化产业，就是吹牛皮，出羊（洋）相！"

企业家们觉得这位经济学家的讲述非常具有说服力，就这样，经济学不再晦涩难懂，变得生动有趣起来。这种"多讲故事，少谈概念"的例子在国际学术界也比比皆是。20世纪人类思想界可谓众星云集，百花齐放，百家争鸣，你会发现一个有趣的特点：越是那些能够像奥卡姆剃刀一样，用生动具体的故事来展现思想观点的理论，越是能够超越学术界的藩篱，实现大众普及化的程度就越高，就像逻辑学界著名的"罗素悖论"。如果一个逻辑学家直接用抽象的概念和你讲："罗素悖论的意思就是，设集合 S 是由一切不属于自身的集合 p 所组成，那么 s 包含于 S 是否成立？首先，s 包含于 S，则不符合 p∉S，所以 s 不包含于 S；其次，如果 s 不包含于 S，则符合 p∉S，所以 s 包含于 S。"除非你有数理逻辑的专业背景，否则你肯定会立刻表现出一副不知所云的样子，如果大众媒体上一直这样介绍"罗素悖论"的话，那么我估计数理逻辑学界之外也就没什么人会知道这个理论了。

然而，"罗素悖论"的内容却在大众文化界广为流传，因为它有另一个被人们所熟知的通俗版本，叫作"理发师悖论"，这个"理发师悖论"里面没有任何抽象的概念，而是一个好玩的故事。

有一个小村庄，这个小村庄里只有一名理发师，这个理发师给自己定了一个奇怪的规矩：他只给那些不能给自己理发的人理发。那么问题来了，这个理发师可不可以给自己理发？如果他可以给自己理发的话，那么结论就是他不应该给自己理发，因为按照他自己定的规矩，他只给那些不能给自己理发的人理发。如果他不可以给自己理发的话，那么按照他的规矩，他反而应该给自己理发。因为既然他不能给自己理发的话，那么他自己就属于可以理发的那类人，所以结论就陷入了自相矛盾：无论他给自己理发，还是不给自己理发，都违反了自己的规矩。

这个"理发师悖论"所反映的就是罗素悖论的理论内涵。同样的观点，之所以"理发师悖论"能够深入人心，而"罗素悖论"却无人问津，就是因为"理发师悖论"传播观点的方式不是通过抽象的概念，而是生动有趣的故事。

很多人都听说过"囚徒困境"，这是"非零和博弈"的一种典型形式。如果我直接用抽象的概念告诉你这个观点，也就是：尽管两个社会主体可以通过合作来实现共赢，但由于沟通不畅，缺乏相互信任，所以即使两个人都从自我利益出发进行行动，但结果却是两个人自我利益的最小化。你听完以后，一定感到一头雾水。还好，20世纪50年代的美国管理学家塔克用"囚徒困境"这个非常有趣的故事作为案例，让我们明白"博弈论"其实距离我们的现实生活很近。"囚徒困境"的故事是这样的：

警察逮捕了甲、乙两个嫌疑犯，但没有足够证据指控二人入罪。于是警方把甲和乙完全隔离，分别对两个嫌疑犯进行审问，向两个人分别提供以下相同的选项：

第一，假如一个人认罪并且出卖对方，而对方保持沉默的话，那么出卖的人马上就会被释放，沉默的人将被判处有期徒刑 10 年。

第二，假如两个人都保持沉默的话，那么这两个人会同样被判刑 1 年。

第三，假如两个人互相出卖的话，那么二人同样判刑 8 年。

显然，对于两个囚犯来说，最佳选择是同时保持沉默，这样两个人都只是坐牢 1 年。但是由于不信任对方，所以两个人都是这样想的：假如那个人保持沉默的话，那么如果我出卖他，我就无罪释放了；如果我也保持沉默，我就得坐 1 年牢。所以，假如他保持沉默的话，我应该出卖他，假如他出卖了我呢。如果我选择保持沉默，我就会坐 10 年牢；如果我也出卖了他，我的坐牢时间就会少两年，只有 8 年。所以，假如他出卖了我，我也应该出卖他。这样一来，无论他是否会出卖我，我都应该选择出卖他。

于是，两个各怀鬼胎的囚犯因为不相信对方，而选择了相互出卖，结果两个人都被判刑 8 年。

你看，就是这样一个有意思的故事，反映了"非合作博弈"的思想精髓，也正是因为"囚徒困境"这样精彩的故事，才让"博弈论"这个深奥的学科变得如此深入人心。

所以说，当你在生活中要向别人传播自己思想的时候，越是深刻的观点，越需要用活泼生动的故事来表达，至于抽象的概念，你需要用奥卡姆剃刀刮得越少越好。只有这样，别人才会更容易接受你的观点。

黑格尔：
你结的不是婚，而是辩证法

常识：结婚有什么大不了？这么高冷的女孩我都追到了，从恋人到夫妻难道比从朋友到恋人还难吗？

格奥尔格·威廉·弗里德里希·黑格尔（Georg Wilhelm Friedrich Hegel）：如果你懂辩证法的话，你就会明白：谈恋爱的时候你是你，她是她，结婚以后你和她是"你们"，因为你追的只是一个女孩，你娶的却是一个家庭。

2012 年，我刚离开大学校园的时候，在招聘网站上到处投简历、找工作。因为我是一个不谙世事、傻里傻气的书呆子，所以在求职的过程中，我到处碰壁，每一次都是在初试阶段就被刷下来了。后来有一次，我应聘一家房地产公司的置业顾问，也就是销售。这家公司的业务部主管对我进行面试，她是一位拥有魔鬼级 S 形身材的丰饶女人，以下是她和我的对话：

　　主管：你的简历我看了，第一次遇到学哲学专业的人。你认为你最大的特长是什么？

　　胡伟：我唯一的特长就是脸特长，这一点你可以看出来，脸的长度充分体现出了造物主那种天马行空的想象力。像不像《熊出没》里的光头强？

　　主管：我们公司一向都是辩证地看待每一位应聘者的优点和缺点，既看重优点，也不忽视缺点。你能不能先说说你有哪些工作能力上的优点？

　　胡伟：我有很多优点，吃苦耐劳、脚踏实地、文笔出众、才华横溢、经验丰富、英文口译。

　　主管：那你有什么缺点呢？

胡伟：我只有一个缺点——喜欢撒谎。

面试结束以后，这家房地产公司第二天就通知我，我完全符合房产销售的用人标准。而且不需要试用期，直接就可以转正。这也成了我毕业以后的第一份正式职业。

实话实说，面试的时候，我并没有预料到自己会被录用，当主管问我优点和缺点的时候，我其实想捉弄她一下。为什么呢？因为她错误地使用了"辩证"这个哲学概念。当然，更准确地说，误解"辩证法"不是她一个人的错误。长期以来，社会大众对于"辩证法"的真实内涵都产生了严重误解，人们将"辩证"等同于"全面地看待优点和缺点"。

既然谈到"辩证法"，就必须得先聊聊真正让"辩证法"扬名立万的德国古典哲学大师黑格尔。

就算你的专业不是人文社会科学，只要你受过高等教育，那么就一定听说过黑格尔的大名。的确，在一定程度上，"黑格尔"几乎成为了"西方哲学"这门学科的代言人。究其原因，是由于黑格尔在1830年出版的《哲学全书》创立了一个有史以来最为宏大、最为缜密的哲学体系。这本著作包括《小逻辑》《自然哲学》和《精神哲学》三大组成部分，高屋建瓴，包罗万象。

用一个比较通俗的类比，如果说迈克尔·杰克逊是流行音乐的王者，那么黑格尔就是德国古典哲学的皇冠，他们在各自领域的影响力不仅前无古人，而且迄今为止也是后无来者。不同的是，黑格尔的人生不像迈克·杰克逊那样百转千回，充满争议，而是清汤寡水，非常平淡。

1770 年，黑格尔出生于斯图加特的一个公务员家庭。18 岁那年，他进入图宾根大学学习哲学，从此开始了漫长的学术生涯。一直到 1831 年去世，黑格尔这辈子基本上都是在书桌旁和讲堂上度过的。他做过耶拿大学和柏林大学的教授，也做过柏林大学的校长。如果说黑格尔有什么人生逸事的话，那是在 1806 年，拿破仑的远征攻破了耶拿城，望着满目疮痍的城市，黑格尔并没有丝毫的悲伤，反而兴奋异常，他眺望着耶拿城外，对着拿破仑率领骑兵队的方向高声呐喊："绝对精神！我看见你了，你一定要征服全世界！"

原来，黑格尔并不是站在"侵略－被侵略"这样一种二元式的民族主义立场来看待这场战争的，对他来说，拿破仑并不是一个人，而是一种"绝对精神"，为了实现自身目的而加以利用的工具。或者说，拿破仑只是"绝对精神"操控的玩偶。什么是绝对精神？绝对精神是整个世界的本体，这种本体并不是一开始就已经圆满存在的，而是以抽象的逻辑概念为起点，一点一点地进化到自然界，自然界再循序渐进地演化生产出人类，人类文明再由低级到高级，最终彻底实现自由和解放。发展到这里，绝对精神也就成就了自身，所以绝对精神不是现成的实体，而是漫长的历史发展过程。对于这些理论，不仅在黑格尔的《哲学全书》中有系统的阐释，在《精神现象学》《法哲学原理》《历史哲学讲演录》《美学讲演录》等一系列的黑格尔著作中，都可以读到鞭辟入里的论述，尽管这些著作哪怕对于哲学专业人士来说也是晦涩难懂。

黑格尔的哲学体系虽然博大精深，但有一种思维逻辑却始终贯穿其中，那就是辩证法。就像那位给我面试的部门主管一样，在现实社会中，很多人都把"辩证"这个概念错误地理解成了"全面看待优点和缺点"的意思。我们经常会在大众媒体上读到这样的文字："我们要辩证地看待全球化这把双刃剑，既要看到全球化带来的机遇，也要重视全球化带来的风险。"但实际上，在黑格尔哲学体系中，"辩证"和"全面地看待优点和缺点"完全是两回事，风马牛不相及。不仅如此，深谙黑格尔哲学的马克思在他的著作《哲学的贫困》中还专门有一个章节对那些把"辩证"等同于"将事物分为优点和缺点两个方面"的误解进行过猛烈批判。

既然如此，那么"辩证法"到底是什么意思呢？实际上，辩证法一开始只是作为一种认识世界的方式，这种认识世界的方式可以解决形式逻辑最严重的一个悖论问题。具体来说，这个悖论就是：有一个事物A存在，后来A变成了B，那么B和A是不是一样的？你肯定会说："这不是废话吗？你都说了A变成了B，当然不一样了。"但A和B是不是完全不一样呢？你该如何回答？如果完全不一样的话，你怎么知道B是由A变来的呢？所以A和B又一样，又不一样，这显然违背了形式逻辑。然而，这种既相同又有差异的逻辑恰恰才是人类社会发展的脉络，这种逻辑就是辩证法。

黑格尔认为：整个世界，无论是自然界，还是人类文明，无论是个人精神成长，还是社交情感生活，它们在漫长的演进发展过程中，都会遵循一种辩证规律。这种辩证规律是一种普遍法则：有一个事物 A 存在，A 自身会不断地变化发展，逐渐地否定自身，于是变成 B，B 不是外来的东西，它本身就是 A 的自我否定。B 也要继续发展变化。

问题来了，当 B 变成 C 的时候，C 是 B 的自我否定吗？黑格尔告诉你：不是！因为虽然 B 是 A 的自我否定，但这种否定不是完全否定，而是继承了 A 的某种因素，这种因素就是 D。也就是说，D 是 A 和 B 共同具有的因素。那么当 B 变成 C 的时候，并不是 B 产生了自我否定，而是 A 和 B 之间那个共同的因素 D 产生了自我否定，实际上，C 是 D 进行自我否定以后的产物。

那么，这就结束了吗？当然没有！D 还要继续重复这个辩证发展的过程，不断进行上面那种自我否定。这就是整个人类世界的发展规律。

读到这儿，你可能感到晦涩难懂，但是没关系，举一个具体的几乎关系到每一个读者感情生活的例子，即"朋友－恋人－婚姻"的辩证法。

有一个"90后"的男孩叫作李雷，还有一个"90后"美女叫韩梅梅，两个人是大学同班同学。就像很多爱情故事一样，两个人刚开始只是好朋友，后来在大学毕业晚会上，李雷向韩梅梅表白成功。于是，他们成为了一对热衷于花式虐狗的情侣，两个人毕业以后一起参加工作，又过了 5 年，两个人决定步入婚姻殿堂，就这样，他们领证结婚了，组建了家庭。

当李雷和韩梅梅还只是普通朋友关系的时候，这种关系就相当于事物 A，后来两个人成为了情侣，那么恋人关系实际上就是朋友关系的自我否定，也就是说，A 进行了自我否定而变成了 B，B 就是恋人关系。后来两个人结婚了，婚姻关系我们可以命名为 C，那么问题来了，C 是不是 B 的自我否定？换句话说，婚姻关系是不是恋人关系的自我否定？

如果按照常识来看的话，答案似乎是肯定的。但黑格尔辩证法的回答却是：NO！婚姻关系并不是恋人关系的自我否定，那么婚姻关系是什么？先别急，按照黑格尔的辩证法，虽然恋人关系是朋友关系的自我否定，但是这种否定并不是完全否定，而是包含着肯定。肯定了什么？肯定的是朋友关系中那种两个家庭之间的个人交往。这就是说，无论是朋友关系，还是恋人关系，这两种关系有一个共同的结构，这个共同的结构就是两个家庭之间的个人交往。这种个人交往就好比是两个圆圈，它们之间产生了交集，虽然恋人之间的交集比朋友之间的交集要大一些，但仍然是一个交集，可以命名为 D。在这个交集以外，两个人都有各自的生活、各自的家庭、各自的朋友，他们不需要让对方完全了解和接受交集以外的部分，这并非是刻意隐瞒，而是因为没有必要，就算两个圆圈相交的部分再多，也需要留有自己的剩余空间。

但两个人结婚以后就不一样了，婚姻关系并不是恋人关系 B 的自我否定，而是 A 与 B 之间，朋友关系与恋人关系之间两个家庭内部个人交往的自我否定，也就是说，C 是 D 的自我否定。这就意味着：婚姻关系不再是两个家庭之间的个人交往，不再是两个圆圈的交集，而是组成了一个更大的家庭，两个圆圈整合成为了一个圆圈。这就是婚姻关系，这就是 C 的本质。因此，对于李雷来说，他当初表白的只是一个女孩，而他后来娶的却是一个家庭。

可能你会问：就算如此，对于李雷和韩梅梅这对新婚燕尔的夫妻来说，辩证法又有什么意义呢？当然有！只有当你理解了婚姻辩证法，你才会懂得：从恋人到夫妻的跨度要远远大于从朋友到恋人的跨度！在结婚以前，韩梅梅和李雷都有各自的生活、家庭、朋友、爱好。但结婚以后，他们构建了一个新的共同体，在这个共同体里面，他们要共同分享生活中的一切，关爱对方的家人，接纳对方的爱好，尊重对方的朋友，不分彼此，永结同心。只有这样，这个家庭才能真正成为一个坚固的堡垒，才能为每一个家庭成员遮风挡雨、暖心助力，让你感到实实在在的归属感。

在现实社会中，有一些"80 后""90 后"的年轻夫妻结婚不久就分道扬镳，其中有一个重要原因就是，在结婚以后，他们其中有一方已经自觉完成了这种由两个家庭之间的个人交往向一个共同家庭的转化，而另一方却仍然只是把对方当作自己的男朋友或者女朋友。这造成了一方已经由"我"转变为"我们"，而另一方却仍然把对方的家人和朋友当作和自己毫无关系的外人，把对方的兴趣爱好当作自己不能接受的缺点。这种不对等的关系最终必然走向分崩离析。

读到这里，我相信你不仅理解了辩证法的理论内涵，也大致明白了它的现实意义。如果你懂辩证法的话，也就懂得了如何把握婚姻关系的本质。至少，当你以后再听到别人说"我们要辩证地看待一个人的优点和缺点"的时候，你可以理直气壮地对他说："你说的根本不是辩证法，那叫变戏法！"

霍克海默：
套路只会让你越来越孤独

常识：人们都说套路玩得深，谁把谁当真，所以我和别人交流也得多使用一些套路，这样才能达到我的目的。

马克斯·霍克海默（M. Max Horkheimer）：你以为你是在玩套路，其实是套路在玩你。因为当你在与他人交流的时候，如果你总使用套路的话，你会发现你得到的只是人力资源，你失去的却是真情实感。

我有一个哥们儿，他是一个典型的工科男，很少接触女孩儿。最近他父母给他安排了一场相亲，但是他实在不知道该和女孩说什么，害怕两个人冷场。于是，他问他的父亲有没有什么撩妹的套路，他父亲对他说："和女孩第一次聊天，最好先聊美食，再聊家庭，最后聊未来。"

　　第二天，他和女孩见面。他的记忆力很好，一直在心里反复默念着话题的顺序——美食、家庭、未来，然后开始和女孩聊天。

　　男：你喜欢吃红烧臭鳜鱼吗？

　　女：不喜欢。

　　男：你有妹妹吗？

　　女：没有，我是独生女。

　　我那哥们儿想了想，最后谈到了未来。

　　男：如果你妈妈未来给你生了一个妹妹，她会喜欢吃红烧臭鳜鱼吗？

　　女：你有病吧！

　　这是一个关于撩妹套路的真实故事。说到"套路"，这个概念最近几年非常热门，人们常说："套路玩得深，谁把谁当真。"如果你仔细观察，就会发现，这是一个套路无所不在的时代，策划有套路，营销有套路，就连撩妹都有套路。有些人嘴上说拒绝套路，可他们仍然不遗余力地使用着套路。那么，究竟什么是套路的本质呢？为什么人们会如此热衷于玩套路呢？其实对于这个问题，早在20世纪60年代，德国哲学家霍克海默就已经进行了深入研究，并且发表了极富有前瞻性的预言。

1895年，霍克海默出生于德国的斯图加特，他父亲是一个开工厂的资本家，他从小就喜欢去车间玩，见证了很多底层工人的生活疾苦。1919年，他到慕尼黑大学学习哲学和心理学，从此阅读了黑格尔、马克思、弗洛伊德等哲学家和心理学家的大量著作，开始了他的学术生涯。1930年，霍克海默成为了刚刚成立不久的法兰克福研究所的所长，也成为了第一代法兰克福学派的掌门人。直到21世纪的今天，法兰克福学派仍然是最负盛名的欧洲哲学学派之一。这个学派的研究成果非常具有现实性，因为这个学派主要关注的正是在资本全球化时代的发达工业社会中，现代都市人内心的空虚、孤独与异化这些问题。这本书中讲到了弗洛姆、马尔库塞这些哲学家，他们都是法兰克福学派的成员。而霍克海默，正是法兰克福学派真正的缔造者。这个开山鼻祖的地位举足轻重，就像在金庸的武侠小说里，逍遥子创立了"逍遥派"，郭襄创立了"峨眉派"一样。

霍克海默是一个纯粹的学者，他一辈子绝大部分时间都是在书桌旁度过的，一直到1973年去世。霍克海默主要的著作有《启蒙的辩证法》《理性之蚀》《工具理性批判》等等。

霍克海默认为，套路文化的本质是工具理性对于现代都市人心灵的奴役。什么意思呢？解释这个问题以前，我们得先说一说另一个概念——"匠人精神"。这个概念最近几年也很流行，它与套路相对立。

什么是"匠人精神"？"匠人精神"是自然经济和简单商品经济的一种产物。在传统农业社会里，生产力水平和人们的消费需求都很低，所以人们进行劳动的目的不是为了交换价值，而是为了使用价值。

一个小木匠，他做工就是为了购买基本生活必需品，而不是为了把挣到的钱作为资本来扩大再生产。既然不需要扩大再生产，他也就没必要去提高生产效率，所以他就不用按照某种标准化的生产程序来劳动，换句话说，他的劳动过程不会被某种千篇一律的固定模式所支配，这也就意味着他总能把自己真实的个性，譬如审美价值尺度、道德价值尺度、情感价值尺度注入自己的劳动过程中。这就是匠人精神！

举一个关于"匠人精神"的例子。十几年前，我上高中的时候，拜访过一位80多岁的"老北京面人儿雕刻家"，他是"老北京面塑"这门手艺的传承人。我印象最深的是，他最关注的并不是这门手艺能够给他的家人带来什么物质利益，而是如何能够保存、继承这门精美的面人儿手艺，并且将"老北京面塑"这门技艺发扬光大。他多次强调，他有义务、有责任将"老北京面人儿"这门手艺传承下去。你看，这种使命感、责任感其实就是一种匠人精神，因为这种感受来自他自己的经历，源自于他自己独特的个性。相似的道理，如果你看过陈忠实的小说《白鹿原》，你也会发现，在传统社会里，土地对于农民来说不仅是吃饭的工具，更是一种情感的寄托。农民热爱着土地、依恋着土地，因为对他们来说，有了土地就有了家乡，就有了归属感。这种归属感也正是一种"匠人精神"，因为它来自农民们最真实的生命体验，所以在传统农业社会里，匠人精神是一种很普遍的心灵状态。

　　然而，到了现代工业社会，"匠人精神"越来越稀少了，成了稀缺品，所以人们才会拍各种纪录片来弘扬"匠人精神"。在资本全球化的今天，为了最大程度地提高生产效率，会在各行各业都推行标准化的生产程序。无论是白领还是蓝领，无论是脑力劳动者还是体力劳动者，都不得不按照这个行业标准化的劳动程序来进行工作。这种标准化劳动程序是对个性的压抑，因为在劳动过程中，每个人的审美价值尺度、道德价值尺度、情感价值尺度等个性化的价值尺度都会被这种标准化的劳动程序所"同一化"，所以标准化劳动程序必然会导致作为真实个性表达的"匠人精神"越来越匮乏。

　　举个例子，在旅游途中，我们会买一些工艺品或者纪念品。你会发现，这些工艺品千篇一律，无论是在造型上还是神韵上都显得毫无灵性，为什么？因为这些工艺品完全是在现代工业流水线上生产出来的，工人在生产过程中，每一个动作都机械地执行着标准化流程，这些工艺品与每个人与众不同的审美、情感都毫无关系，更谈不上劳动者生命意义的承载了，所以我们才会觉得这些工业流水线上的工艺品呆板乏味，缺乏生气。

再举一个例子，如果你做过销售的话，就会明白不管你是哪个领域的销售，你和客户之间交流的每个细节都有专门的话术作为规范。这种话术相当于工厂车间中的流水线，你得像那些生产机械零件的工人一样。你不得不像机器人一样不由自主地行动，职业地微笑，职业地表达。长此以往，你会反问自己："个性"都去哪儿了？你真实的情感、审美、道德都逐渐被话术所禁锢了，所以你的棱角也都被标准化的劳动程序磨平了。

正因如此，当你打开那些大型招聘网站，就会发现几乎所有的企业最看重应聘者的条件不是学历，也不是道德品行、兴趣爱好之类的，而是你是否有两年以上的相关工作经验。为什么？因为如果你已经有了比较长的相关工作经验，那么就意味着你已经很了解这个行业的标准化生产程序了，你很快就能够适应新单位的工作，你知道如何忽视自己的情感、审美、道德等价值尺度，你知道如何屏蔽自己的个性，让自己和工作环境融为一体，将自己改装成资本所利用的"人力资源"。资本不断推广的标准化劳动程序让上班族感到越来越压抑，这也正是匠人精神越来越稀缺的社会根源。

可能有人会问："你讲了这么多，这些和套路有什么关系？"当然有，所谓的套路，其实就是现代工业文明秩序下的标准化劳动程序，就是话术，就是流水线上毫无个性的机械化生产。那么为什么套路会成为人际交往的一种模式呢？霍克海默认为，在现代工业社会，因为套路支配着上班族每天的工作，日复一日，年复一年，工作中的套路会逐渐成为一种固化的思维模式。这种思维模式被霍克海默称为"工具理性"。

　　人的理性分为两种，工具理性和价值理性。所谓的"工具理性"，说白了就是这样一种思维模式："'为什么做？'并不重要，唯一重要的是'怎么做更有效率？'。"换句话说，工具理性的思维模式只关心一件事，那就是你如何利用一种更有效率的手段去实现你的目的。至于你要实现的这个目的是否合理，是否有意义，是否值得你去追求，这个问题，工具理性完全不会考虑。而价值理性所关心的却是"为什么要实现那个目的"，这是要求人们对于所要实现的目的进行理性反思。霍克海默认为，由于套路支配着我们每天的工作，所以就算在休息的时候，我们也会情不自禁地用工具理性这种固化的思维模式来和他人打交道。也就是说，每当我们认识一个新朋友的时候，我们常常会不由自主地考虑这样的问题——"我怎么做才能让这个人相信我，认同我，将来成为我的资源""我怎么做才能让这个人喜欢我，爱上我，乖乖地被我撩倒"。这就是一种非常典型的工具理性思维模式，当我们总是用工具理性来考虑问题的时候，套路文化就会横行无阻。因为工具理性的逻辑是"效率至上"，而套路本身就是最有效率的话术、最有效率的标准化生产程序，它能让你在最短时间内把这个人变成你的资源，变成你的猎物。

　　但问题是，为什么要把所有人都当作工具，都当作资源，都当作猎物呢？这样的问题很多人思考得越来越少，我们的思维模式已经被工具理性所绑架，所以我们的价值理性不断萎缩。就这样，我们用那些有效率的套路去实现那些没有意义的目的。我们的人力资源越来越多，可是我们的朋友却越来越少；我们的猎物越来越多，可是我们的感情却越来越淡；我们微信朋友圈里的名单人数越来越多，可每当我们想找个人毫无目的地随便聊聊的时候，我们反而不知道应该找谁。为什么？因为套路让我们的人际交往变得越来越像商品交易，越来越虚伪，越来越功利。正所谓"机关算尽太聪明，反误了卿卿性命"。我们的工具理性害了我们自己，我们被自己的套路紧紧地套住了灵魂，我们唯一的收获只有孤独，永无止境的孤独。

《哆啦A梦》是影响了"80后""90后"两代人的经典日本漫画。如果你仔细观察，就会发现，每一个短篇故事里，无论哆啦A梦给主人公大雄什么样的来自22世纪的高科技道具，最后的结果都是大雄反受其害。为什么？因为大雄使用它们的目的一直都是不劳而获，而这种价值的追求本身就是错误的，所以无论那些未来的工具科技含量有多高，最后的结果一定是南辕北辙。可以说，《哆啦A梦》漫画的两位作者藤子·F·不二雄和藤子不二雄A创作的思想主题之一，就是告诫世人：科学技术只是手段，人性的自我完善才是目的，一旦人类的价值追求出现了异化，那么科学技术的发展反而会给人类带来巨大的灾难。

霍克海默认为，套路文化的流行让我们现代都市人感到越来越孤独。而对于我们每个人来说，我们虽然不可能凭借一己之力去改变现代工业的标准化生产程序，因为这是必然的历史规律，但我们可以提升我们自己的价值理性，让自己摆脱工具理性的支配。当你遇到一个新朋友的时候，不要先入为主地把他当作资源或者猎物，而要把他看成一个人，看成一个丰富多彩的生命，看成一个生动有趣的灵魂，因为这正是他的本来面貌。当你在套路别人之前，先问问自己："我为什么要这样做？这样的目的有意义吗？"只有这样，当你能够摆脱套路，真诚地对待他人的时候，你才会发现：自由地享受人际交往过程本身才是莫大的幸福。这就是霍克海默带给我们的哲学启示。

海德格尔：
你的生命只与你自己有关

常识：我不是为自己活着，而是为了我的家人活着。

马丁·海德格尔（Martin Heidegger）你这纯粹是自欺欺人，因为真正赋予了你生命秩序的是死亡，正是由于死亡的存在，你才知道什么事情重要，应该先做。也正是由于没人能代替你去死，所以你的生命归根结底只和你自己有关。

两个月以前的一个工作日，我和一位同事一边吃午饭一边闲聊，他对我说："今年我34岁了，这个年纪还不算老，但我现在特别怕死，以前可不是这样。胡老师，你说这是为什么？"我盯着这位在同事之间有口皆碑的"好男人"看了一会儿，想起了他曾经向我们叙述过的那些身不由己的人生经历，思忖片刻，对他说："你怕死是因为你发现从来没有真正地为自己活过。你看看，从上学到工作，你做的每件事都是为了让你父母满意，后来从谈恋爱到结婚，你做的每件事又是为了哄你老婆开心。你什么时候才能承包一段属于自己的人生呢？"听完这话，"好男人"立刻一脸无辜地反问我："如果我只为自己活着的话，那我不是太自私了吗？"

我斩钉截铁地告诉他："如果'自私'的意思就是损人利己的话，那么你为别人而活，就是损人不利己，这还不如自私呢！因为'讨好'并不是'爱'，而是一种'欺骗'。按照你以前和我们说过的，无论事业还是生活，你父母和你老婆让你做什么，你就做什么。虽然你心里有一万个不情愿，但为了讨好他们，你嘴上什么也没说，还是照做了，他们一直都蒙在鼓里。这难道不是欺骗吗？所以你为了他们而活并不能表明你很高尚，相反，你是一个骗子，而你欺骗的结果就是损人不利己，你父母和老婆被你当成了傻子，而你自己唯一收获的就是内心的压抑。你现在之所以特别怕死，就是因为你发现自己之前的半辈子都白活了，你害怕一旦你的生命戛然而止，那么你再也没有做你喜欢的事情的机会了，再也没为你的人生翻盘的可能了，这就是你那么怕死的原因。"

"那我应该怎么做呢？"

"既然你的父母和老婆都那么爱你，你就应该把自己对于未来人生的真实设想告诉他们，只要你能理性地表达你的想法，他们就没有理由不尊重你的选择。毕竟，你已经是一个 34 岁的成年男人了，你有能力为自己的人生负责。"

上个星期，我的这位同事离职了，听说他和一位朋友共同创业，开了一家鲁菜餐厅，还开心地邀请我去免费品尝菜肴——一起庆祝他终于实现了自己当饭馆老板这个梦想。

我不能确定那天午饭间的谈话在多大程度上推动了他实现自己梦想的决心，但至少有一点是肯定的：我对他"怕死"的分析正是来自我对 20 世纪德国存在主义哲学大师海德格尔提出的"向死而生"这一重要观点的理解。

说到"向死而生"，网络上将这个概念和"诗意栖居""岁月静好"并列称为"文青三大常用词"。当然，对于很多所谓的"文艺青年"来说，他们只是借用"向死而生"这个词来附庸风雅罢了，因为他们不知道这个概念的出处，更不清楚这四个字的深刻内涵。

实际上，在 1927 年，德国存在主义哲学家海德格尔在其代表作《存在与时间》中首次提出了"向死而生"这个概念。这四个字究竟是什么意思呢？为了回答这个问题，我们得先了解一下海德格尔是如何理解"死亡"的。

我记得在我读小学三年级那年，开始对"死亡"有了初步认识，那是因为我养的一只小猫死了。我当时震惊地发现：我的猫猫一动不动，再也醒不过来，再也没有办法和我一起玩儿了。因此，我难过了很长一段时间，但更让我感到恐惧的是，我第一次了解到，每个人最终都会像这只小猫一样死去，包括我自己。那时候一想到自己也会像我的猫猫一样死去，我就害怕得睡不着觉。因为我无法想象出"我的死亡"究竟意味着什么。于是我问班主任老师："如果我死了，我会有什么感觉？"班主任老师告诉我："死了以后你就不存在了，也看不见、听不见，没有感觉了。""老师，没有感觉是什么感觉呢？"老师顿时就无语了。

是啊，没有感觉是什么感觉呢？这个问题太神秘莫测了。无论我怎么脑洞大开，我最多只能想象出我的灵魂站在我自己的尸体旁边，我看到我的父母、我的老师、我的同学都在哭泣，但我自己却对此无能为力。因为他们看不见我的灵魂，也听不见我的灵魂和他们说话。但问题是，既然老师说过，我死了以后就没有感觉了，没感觉的话我就感觉不到周围世界的存在了，那么我也就看不到、听不到其他人了，既然如此，我怎么可能看到我的尸体、我的父母、我的同学老师呢？所以这就说明，我的想象是错误的，死亡绝对不是那样的。

当然，在生理学的意义上，"死亡"就是肢体麻木，心脏停止跳动，瞳孔放大，脑电波消失。而在心理学的意义上，"死亡"就是主观意识活动的完全丧失。但这些都只是在描述生命由"存在"向"虚无"的转化过程，它却回避了一个更为深邃的问题：如果"死亡"意味着生命由"存在"变成了"虚无"的话，那么究竟什么是"虚无"呢？换句话说，在肢体麻木、心脏停止跳动、瞳孔放大、脑电波消失、主观意识全部丧失以后，这个死亡的人究竟处于一种什么样的境遇之中呢？

在生活中，我们常常会问"什么是鸡尾酒""什么是萨摩耶""什么是电脑""什么是玫瑰花"，这些问题所问的都是"是什么"，但它们都有一个共同的逻辑前提：这个东西已经在逻辑上存在了，它一定是某种东西，这是确信无疑的。我只是不知道这个东西的属性、功能或者内容罢了。可以这么说，在思维中，人们首先都可以用"是"预设某种事物在逻辑上是存在的，比如在我问"什么是××"的时候，已经预先承认了"鸡尾酒是存在的""萨摩耶是存在的""电脑是存在的""玫瑰花是存在的"，只有这样，我才能够去探究这些事物的具体性质。之所以这里强调"是"，预设了逻辑上的存在，是因为譬如"克隆人"这样的事物，虽然在现实社会中并不存在，但至少在逻辑上，"克隆人"完全有可能存在，所以我们仍然可以问"什么是克隆人"这样的问题。

然而，海德格尔在《存在与虚无》中指出"什么是虚无"的问题，却和之前那些问题都不一样，因为一旦我们用"是"来描述一个东西，就已经预设这种东西在逻辑上存在了，那肯定不是真的"虚无"。道理很简单，真正的"虚无"在逻辑上就不可能是某种存在的事物，它不是酒，不是机器，不是书，不是动物，不是克隆人，甚至不是某种思想。既然"虚无"不是这个，不是那个，不是任何一种东西，我们根本不能用"是"这个系词将"虚无"转化为其他任何东西。这样一来，我就不能去问"什么是虚无"，因为之所以能称之为"虚无"，就是由于它什么也不是。所以，我后来发现"什么是虚无"是一个自相矛盾的伪问题，谁都不可能回答这个伪问题，因为这个问题本身就包含了对"虚无"的概念的歪曲，任何答案都只是一种"伪答案"。这就像有一个男孩对他心爱的女生表白，他对女生说："你有两个选择：你是选择做我女朋友呢，还是选择做我女朋友呢？我尊重你的选择。"所以，从这个角度来看，我们不可能通过"是××"这种下定义的方式来对"死亡"进行界定。

正因如此，海德格尔认为：人类之所以对"死亡"充满恐惧，并不是由于他们惧怕某种痛苦的感觉，因为那些痛苦的感觉并不属于"死亡"本身，而是死亡之前的生命所遭遇到的动态过程，在死亡以后，人类失去了感受痛苦的感官机能，也就不会有任何痛苦的感觉。那么，当一个人说"我怕死"的时候，他怕的究竟是什么呢？海德格尔说：人类真正恐惧的是死亡带来的"虚无"。

这种"虚无"完全不可描述，它什么也不是，正是因为这个深邃的"虚无"既超越了人类的逻辑思维能力，也超越了人类的感性直观能力，所以人类才会对"虚无"产生深入毛孔的恐惧。

　　为了了解"虚无"对于人类心理产生的恐惧效应，简单举个例子，在好莱坞 B 级惊悚片中，我们常常看到这样的情节：探险家们面前出现一个巨大的洞穴，为了发现洞穴深处的奥秘，探险家们决定进入洞穴，一探究竟。在洞穴里面，探险家们看到了洞穴岩壁四周的神秘符号，耳边传来了溶洞滴水的声音，洞穴尽头的微弱光线似乎在召唤着他们。突然，一声狂暴的吼叫穿透了所有人的耳膜，一个造型丑陋恶心的异形怪兽从洞穴深处窜了出来，它要吃掉所有打扰它的"入侵者"，就这样，人类与异形怪兽展开了一场血战。

　　显然，这是一部典型的好莱坞 B 级怪物片的套路，虽然这样的电影会把你吓出一身冷汗，但这完全是依靠怪物造型、背景音效和血腥等噱头制造出来的，你之所以会被吓到，仅仅是因为自己的感官感受到了这些有声有形的因素，而且你的逻辑思维能力完全可以理解这种电影简单的情节，电影里没有任何不可理解的诡异之处。因此，这样的电影只能叫"惊悚片"，而不叫"恐怖片"。无论你在电影院里尖叫的声音多大，看完这类电影以后，你的内心不会因此留下太多的阴影，你也不会在看完以后越想越害怕，所以这样的怪兽电影只能称之为"惊悚片"，根本谈不上真正的"恐怖片"。而人类对于"虚无"的恐惧也并不是这种感觉。

　　什么样的恐惧才是人类对于"虚无"的恐惧呢？假如在电影中，探险家还是进入了一个巨大的洞穴，但不同的是，这个洞穴处于完全的黑暗之中，没有岩壁的符号，没有滴水的声音，没有微弱的阳光。当然，也没有什么异形怪兽在这里沉睡，什么也没有，什么也没有！甚至这个洞穴就连尽头都没有！探险家们发现，他们将永远徘徊在这个没有出口的黑暗之中。这时，他们反而希望有怪兽之类的能和他们作伴，因为怪兽虽然外形怪异，但至少还是一种有形有声的生物，但在这里，他们感受到的是让自己的逻辑思维能力和感受直观能力完全失灵的无尽黑暗！这才是真正的恐怖片。这种"恐怖"会让观众离开电影院以后仍然心有余悸，因为这种无穷无尽的黑暗太诡异、太深邃、太离奇了，人类无法用任何语言来对这种黑暗进行思考。这种不可名状的恐怖才是最大的恐怖。而这种永恒的黑暗其实正是一种具象化的"虚无"，我们对于无尽黑暗的"细思极恐"正是来源于对"虚无"深入骨髓的恐惧。因此，用海德格尔的话说，人类之所以怕死，正是源于对"虚无"的恐惧。

因为恐惧死亡带来的虚无，所以人类才会用各种各样的方式来自欺欺人，让自己暂时性地忘却对"虚无"的恐惧。从文化传统维度来看，东方人和西方人逃避虚无的方式不一样。对于传统西方人来说，为了逃避那种对于"绝对虚无"的恐惧，人们通过宗教构建出了一个"彼岸世界"。这个"彼岸世界"分为两个场地，一个是天堂，另一个是地狱。但无论是天堂还是地狱，它们都是完全超越经验现实的存在。按照传统西方宗教观念来看，人们死亡以后要经过末日审判，他的灵魂要么上天堂，要么下地狱，他的灵魂通过这样一种离开此岸世界，进入彼岸世界的方式而避免了被彻底"虚无化"的境遇。换句话说，一个人死了以后，他的生命并没有从"存在"变成彻底的"虚无"，而是在天堂或者地狱以另外一种形态继续存在着。正是这样一种从古代延伸到现代的宗教观念，使得西方人能够在内心深处逃避面对"虚无"的恐惧。

而对传统中国人来说，这种逃避空虚、逃避恐惧的方式则和西方人完全不同，因为中国并没有西方那种完全超越经验现实的宗教，所以中国人将自己的信仰完全寄托于死亡以后自己的灵魂仍然存在于现实的此岸世界。对于达官显贵来说，这种"灵魂在此岸世界的不朽"是通过自己在现实社会上的功业来实现的，这就像《左传》说的那样：立德、立功、立言。而对于普通老百姓来说，让自己的灵魂在自己死亡以后继续在现实社会中存在的唯一方式就是通过传宗接代，在自己的孩子身上，一个人的灵魂避免被虚无化的境遇。因此，传统中国人认为：正是通过子嗣的传承，个人的灵魂能够世世代代地延续下去。只要看到这点，原先那种对于"绝对虚无"的恐惧便以传宗接代的方式而被遮蔽住了。这也就解释了为什么直到今天，仍然有很多中国父母那么关心孩子的婚事，对于他们来说，孩子是否结婚、是否生儿育女并不是他们个人的选择，而是一种道德义务。正所谓"不孝有三，无后为大"，如果自己的子女没有传宗接代的话，那么这也就意味着他们死后，自己的灵魂将无法在现实社会中继续存在，他们的生命将彻底化为虚无，而这种无法理解、无穷无尽、无可名状的虚无正是人们最为恐惧的。

无论是传宗接代还是宗教信仰，东西方文化传统的殊途同归之处在于：他们都在通过自欺欺人的方式来逃避这样一种"不能承受死亡之轻"的状态，即个体生命最终必然化为虚无。对此，海德格尔进一步指出，对资本全球化时代的很多现代都市人来说，即使他们不再拥有宗教信仰，也不再看重传宗接代，但他们仍然会选择用其他方式来麻痹自己，让自己暂时忘却"终有一死"的境遇。比如和别人闲聊一些毫无营养的娱乐八卦，或者沉迷于毒品和性，或者就像今天的我们一样，每天用大量时间刷朋友圈，窥视别人的生活，好像这样一来，我们就可以暂时忘记未来有一个名为虚无的死亡黑洞在等待我们。然而，海德格尔说得好：不管你用什么方法，只要你试图忘却自己对于未来走向虚无的恐惧，那么你就是在自我麻痹。他将这种自我麻痹称之为"沉沦"。

无论在不同时代背景下"沉沦"的方式有多大差异，它都是精神毒品，虽然能够暂时缓解你对于死亡、对于生命消散于虚无的恐惧，但你会对这种"沉沦"方式产生巨大的依赖性：只要你不再刷微信朋友圈，不再关注娱乐八卦，不再追美剧，不再玩手游，不再用聊天软件和陌生人语音，你就会感到空虚、寂寞、冷，好像自己的身体被掏空了，百无聊赖。那种对于虚无的恐惧感就会再次钻进你的心灵，而且比原来还要猛烈，你甚至会想："我该怎么办？未来肯定要死的，我什么都没来得及做，将来就要变为尘土了，这不是白活了吗？"你焦虑，你痛苦，你迷茫，于是你只能再一次拿起手机，打开电脑，再一次用"沉沦"来麻痹自己的恐惧，所以从海德格尔的生命哲学角度来看，沉迷于网游并不是网游的错，而是源于人对于虚无之恐惧的逃避。

那么对我们每一个人来说，究竟如何超越这种"沉沦"的自我麻痹呢？海德格尔认为：我们之所以要逃避死亡带来的虚无，这是因为我们无法接受自己对"虚无"产生的恐惧，所以归根结底来说，我们必须学会直面自己对虚无的恐惧。

在常识中，死亡的虚无是对于我们每一个生命的否定，这种常识的逻辑是："既然早晚都会死，那么我为什么还要继续活着？"但在海德格尔看来，正是由于人终有一死，虚无是每个生命最终的归宿，所以我们才有必要活着，也就是说，死亡的虚无恰恰赋予了我们每个人继续活下去的意义。为什么呢？

第一个原因，正是由于我最终一定会走进那个虚无的黑洞里，从虚无这种生命的终点出发，它编织出了属于我自己的人生秩序。我的生命是有限的，所以有些事情对我来说最重要，应该先做，有些事情是其次重要的，可以将来再做，而另外有些事情对我来说是无足轻重的，做不做都无所谓。

也就是说，正是由于"虚无"在等着我，我才必须为自己这一辈子要做的事情做一个排序。每个人的排序其实都是不一样的，因为每个人的价值观不尽相同，所以这种排序本身就体现出了每一个生命的个性所在。

让我们试想，如果每一个人都会永远存在于世界上，永远都不会死，那么人生是否还存在某种秩序呢？答案显而易见：不存在。因为无论任何事情，我都可以对自己说："明天再做吧，不用那么着急。"既然对我来说，时间是无限的，所以没有任何事情是重要的，我永远可以将所有事情推到未来去做。这样一来，任何事业、理想、艺术、道德甚至情感都是将来时的一种假设而已，那么这样的人生又有什么意义呢？所以，假如人不会死，没有"虚无"为人生提供秩序，生活反而失去了任何意义。

第二个原因，死亡的经历是不可替代、不可传达的。当然，你可能会说吃饭这件事别人也替代不了，但区别在于，我可以通过观察别人来了解到"吃饭"的整个过程，别人也可以告诉我"吃饱了"是什么感觉，但死亡却不能。

就算我是一名刑警，我常常见到被害者的尸体，我仍然无法了解死亡的虚无究竟是怎么一回事。在我经历死亡以前，我完全无法对虚无有任何看法或者感受，任何其他人都不能将死亡以后的境遇传达给我，我自己在死亡以前，也完全无法在主观上获得任何理性或者感性认识，所以死亡只与我自己有关。而另一方面，死亡的虚无形成了人生的秩序，没有死亡的虚无，人生就没有意义。按照这样的逻辑，海德格尔提出了他的结论：归根结底，你的人生其实只与你自己有关。而这，正是"向死而生"的真实含义。

可能有人会误读海德格尔的这个观点，把这个观点当成是一种对于自私的美化。其实并非如此，我承认我的生命只和我自己有关，所以我为自己而活，这恰恰体现出对于生命的尊重。因为如果我活着仅仅是为了满足父母、家人和社会需要的话，那么实际上我否定了自己作为独立生命的尊严，否定了自己的生命本身存在的意义，这就等于是把自己当成了别人的工具。这个工具一旦失去了功能，我活着也就没有意义了，我可以去死了。这其实是一种法西斯主义的荒谬逻辑，因为按照这个把人当作工具的逻辑，所有残疾人、老年人、智障人士等弱势群体，因为并不具备太多对别人有用的功能，所以他们就没有存在的价值了，甚至那些生产方式落后的种族，对于人类社会的进步来说也没什么用，是不是也应该一起"清洗"掉呢？

真正对人类生命的尊重应该是这样的：我为自己而活，因此我的生命本身就是目的，而不是手段。

同样，每一个人的生命都是目的，我尊重自己生命的同时，也应该尊重别人生命的尊严，承认别人的人格具有和我平等的独立性。我没有权利将别人当成我的某种工具。我为家庭的付出，完全是因为我爱我的家人，这是我自由选择的结果。同样的道理，当别人选择拾金不昧、助人为乐的时候，也是因为他自己在道德观念上认同这种行为的价值，而不是由于他只是实现别人利益的工具，所以我没有资格对任何人进行道德绑架。因此，为自己而活绝非等同于自私自利，只有当你真正懂得每一个人的生命都是目的，都具有不可替代的独立价值和不可侵犯的人格尊严的时候，你才能真正给自己和他人带来幸福。这既是那位同事的人生经验，也是海德格尔主张的"向死而生"这一生命哲学所带给我们的宝贵启示。

弗洛姆：
你年纪轻轻就怀旧，这说明你在逃避自由

常识：我是"90后"，我觉得我已经老了，所以我开始怀旧。

艾瑞克·弗洛姆（Erich Fromm）：你怀旧不是因为你老了，而是因为市场经济中人际关系的流动性和风险性让你感到缺乏归属感，所以你需要通过怀旧这种方式来获得归属感，代价就是你对于自由的逃避。

2018 年某月某日，这是一个很特殊的日子。在这一天，人类历史上发生了一件具有划时代意义的社会事件——中国娱乐圈某著名小鲜肉举办生日会。妈妈粉和姐姐粉为他准备了价值数千万元的超豪华生日礼物。在生日会的最高潮，场内场外数万人齐唱生日歌。被震耳欲聋的声浪冲倒在地的你可能会发出这样一个疑问：这些粉丝究竟怎么了？到底是一种什么样的力量能让他们如此疯狂？

对于这个问题，其实早在 20 世纪 40 年代的时候，法兰克福学派第一代著名学者，美籍德裔的哲学家和社会心理学家弗洛姆就已经在自己的著作《逃避自由》这本书里，进行了深入研究。

看到"逃避自由"这个题目，可能很多人会感到大惑不解。人人都向往"自由"，怎么会逃避呢？

弗洛姆认为，人类有两种最基本的社会需要：第一种，归属需要。说得通俗一点，就是一个人需要摆脱自己的孤立感，通过获得他人的认同和关怀，让自己觉得自己并不孤独。第二种，自由需要。期望自己能够摆脱外在力量的束缚和强制，自己支配自己的生活，成为自己生命的主人。其他所有的社会需求，比如人格尊重需要、荣誉需要、权力需要、实现个人价值的需要都是这两种最基本社会需要的衍生品。

在前工业时代的传统农业社会中，比如在欧洲中世纪的封建社会和古代中国的宗法制社会，因为生产力发展水平很低，交通不便，社会等级极为森严，整个经济系统都处于自然经济和简单商品经济的形态，所以大部分人从生下来到他离开这个世界，这一辈子既没有太多机会，也没有太多欲望离开自己的家乡，而且他的社会身份基本上也是固定不变的，贵族就是贵族，农民就是农民，工匠就是工匠。正是由于生产方式和社会身份都具有高度稳定性，所以在那样的熟人社会里，你几乎得不到什么个人自由，但是在客观上，你的归属感却得到了满足。因为对于生活在那个时代的普通人来说，你的社会关系都是被预先规定好的，你无法改变，你的眼界也不会让你拥有改变的欲望。你的族人、你的朋友、你的爱人都会一直在你身边，陪伴你一辈子。这样的人际关系非常稳固，很难被外在的力量所瓦解。正所谓"你来耕田我织布，老婆孩子热炕头"，这就像网络上的一个段子说的那样："那时候路途很远、马车很慢，你一辈子只能爱一个人。"

然而，历史的步伐从来不会停歇，现代以来，随着人类进入工业文明，等级森严的传统社会结构逐渐被资本的重锤所砸碎。市场经济的开放性和高等教育的普及性让你改变自己社会身份的能力不断增长，而另一方面，在消费主义的刺激下，你灵魂中那种对于物质生活和精神生活的消费欲望也在以几何级数而不断攀升。

正是在这样一个资本全球化的时代背景下，每个人的社会身份不再像传统农业社会那样一成不变，而是一直在改变。你的职业、你的朋友、你的爱人、你的爱好、你的生活，这一切都变得具有高度的不确定性和流动性。为什么？因为市场经济以金钱这种交换价值来支配其他一切价值，无论你想要获得哪种快乐，都需要花钱。

而金钱之所以被称为"交换价值"，这是因为它本身就具有排他性，说白了，就是你要想赚钱的话，只能在法律允许的范围内，从他人手中攫取。市场经济本身就具有这种此消彼长、优胜劣汰的竞争性，因此在生存方式上，你与他人总是会处于一种潜在的或者现实的博弈关系。

所以说，你的同学、同事、朋友、恋人甚至家人与你的社会关系随时都有可能被现实的经济利益所瓦解，这正兑现了马克思在《共产党宣言》中的预言——"一切神圣的东西都被亵渎了，一切新形成的关系还没等固定下来就变得陈旧了。"或者用以前在微信上流行的一句话来说，就是"友谊的小船说翻就翻"。我们的友情、爱情、亲情越来越禁不住金钱的考验，人与人的关系越来越疏离，越来越缺乏信任感。

正是由于上面分析的这些原因，弗洛姆才说：在现代市场经济社会，一方面，人们拥有了越来越强大的改变自己社会身份属性的能力，所以我们对于自由的社会需求获得了一定程度的满足。但另一方面，因为友情、亲情、爱情常常被资本的力量左右，稳固的社会关系被经济利益瓦解，变得松散、变得具有不确定性和流动性，我们觉得似乎谁都不值得完全信任，谁都不值得让你百分之百地付出。所以这也就意味着，对于生活在今天的很多"80后"和"90后"来说，只要你步入社会，就会发现，我们对于归属感的需要越来越难以得到满足，一种不寒而栗的孤独感无时无刻不包围着我们每一个白领、蓝领、金领。这种孤独感不是你认识人太少，而是微信通讯录里一大堆人，却找不到几个说真心话的朋友。这种孤独感就像"牛奶咖啡"乐队在那首《明天，你好》中所唱的那样：

曾经并肩往前的伙伴

在举杯祝福后都走散

只是那个夜晚

我深深地都留藏在心坎

长大以后

我只能奔跑

我多害怕

黑暗中跌倒

明天你好

含着泪微笑

越美好

越害怕得到

弗洛姆认为，正是由于在市场经济形态下，作为人类最基本社会需求的归属感难以得到满足，人们才普遍觉得很孤独。这种孤独感并不是像某些公众号鸡汤里写的那样，只是个别人的心态出了问题。实际上，它是现代市场经济发展到一定阶段以后的一种必然产物。因此，为了让自己的归属感得到满足，为了让自己不再感到空虚寂寞冷，人们便开始寻求一种心灵的"伪乌托邦"，这种"伪乌托邦"能让人在精神上逃避残酷的市场竞争，躲避那种充满了不确定性和流动性的虚伪人际关系。因为在这个"伪乌托邦"中，你能够找到久违的纯真与单纯，找到那种毫无套路、毫无功利的人际关系。听上去似乎非常美好，但是弗洛姆为什么要把"乌托邦"前面加一个"虚伪"的"伪"字呢？这正体现出弗洛姆哲学的深刻所在。弗洛姆认为，在这样的"伪乌托邦"里，虽然你能够得到归属感，但是这种归属感的满足是以你完全逃避自己的自由作为代价的，换句话说，虽然你拥有了归属感，但却失去了另外一种同样重要的东西，那就是"自由"。

为什么你在归属感得到满足的同时会失去自由？因为"伪乌托邦"本身就不是为了满足你的归属感而存在的，这种功能其实只是一种诱饵，它存在的根本目的是为了在你不知不觉中控制你，让你心甘情愿地失去自己的理性，从而沦为被"伪乌托邦"随意操控的工具。可能你会说，如果能够获得归属感，失去自由也没什么。但问题是，你对于自己自由的逃避，很有可能是酿成人类灾难的开始，而这也正是弗洛姆写作《逃避自由》的重要意图之一。

20世纪40年代初，正是法西斯主义肆虐全球的时代，弗洛姆认为，法西斯主义正是这种所谓的"伪乌托邦"，在法西斯组织内部，成员们之所以表现得亲密无间，形同手足，正是因为他们逃避了自己的自由。为什么逃避自由？从文化层面上来看，正是因为在竞争激烈的市场经济中，人际关系的流动性和不稳定性导致了人们普遍感到孤独。可以说，法西斯主义正是利用了人们对于归属感的需求心理。

可能你会说："法西斯主义已经是历史了，这和我们没有关系。"但问题是，弗洛姆一直强调，法西斯主义只是"伪乌托邦"的一种极端形式，只要资本支配下的市场经济形态仍然是历史的主角，那么这种"伪乌托邦"就会不断改头换面，出现在人类社会中。

现在屡禁不绝的传销组织，就是一种"伪乌托邦"。传销组织对成员的控制就是通过把归属感作为诱饵来给你洗脑。当他们发现你是一个大学毕业生，一个人来到大城市找工作，吃穿住行都没有着落，所以就派一个你的老乡用家乡话和你交流。老乡告诉你："大城市骗子特别多，你人生地不熟，肯定受欺负。这里现在有一个家庭型企业，可好了，大家一起创业，不分彼此地生活在一起，特别温馨，衣食住行都有人帮你解决。"你住进去以后，发现果然不需要自己花钱，衣食住行都帮你包办了。同事们之间都用兄弟姐妹相互称呼，他们对你很友好，每个人都对你嘘寒问暖，就差给你介绍对象了。

就这样过了一个月，你已经失去了警惕性，把这里所有人当成你的家人了。正在这个时候，虽然你的归属感得到了充分满足，但是同时，你也把自己的自由意志完全交给了传销组织。就这样，从此以后，即使你的理性不相信传销组织灌输给你的那些荒唐的理念，但为了不陷入孤立，不再失去这里所给予你的归属感，你还是选择强迫自己和其他传销人员做同样的事情，这就是弗洛姆所说的"逃避自由"。

这都是"逃避自由"的一些比较严重的表现，但实际上，在现实生活中，还有很多在合法范围内的行为，不会给个人和社会带来多大伤害，但它们仍然属于为了获得归属感而逃避自由的行为。还记得最开始的问题吗？为什么有那么多妈妈粉和姐姐粉会为了庆祝小鲜肉的生日而一掷千金呢？

在那些妈妈粉和姐姐粉的心目中，娱乐圈的"小鲜肉"如同《诗经》所描述的那样："瞻彼淇奥，绿竹如箦。有匪君子，如金如锡，如圭如璧。宽兮绰兮，猗重较兮。善戏谑兮，不为虐兮。"而这些"小鲜肉"的存在，正是"伪乌托邦"的象征。在市场经济的残酷竞争中，由职场白领人群构成的妈妈粉和姐姐粉不断品尝着人际关系的分分合合，现实中的情感变得疏离而脆弱，这让她们感到身心俱疲。她们受过良好的高等教育，她们在校园时代曾经感受到真挚而纯粹的友情和爱情，所以这种巨大的反差使得她们感到更加孤独，更加缺乏归属感。

就这样，那些妈妈粉和姐姐粉找到了娱乐公司打造的那些"小鲜肉"。这些美少年们身上那种如蒸馏水一般的单纯、专一、美颜、呆萌和执着吸引着她们，因为这些特征正是校园时代的自己所拥有的。更准确地说，校园时代的自己拥有的只是其中一部分，而"小鲜肉"身上却拥有了校园时代的这些全部理想。

可以说，妈妈粉和姐姐粉们真正热爱的其实并不是这些"小鲜肉"本人，而是她们每个人都经历过的那个理想化的校园时代。在那个理想化的校园时代里，有真挚的友情，有纯粹的爱情，有生活的热情。

这一切如此温馨，如此坚固。妈妈粉和姐姐粉表面上宠爱的是"鲜肉明星"，实际上，她们宠爱的是自己内心深处的校园时代的温暖阳光，在这个过程中，最开心的莫过于艺人签约公司和那些与他们合作的企业了，因为妈妈粉和姐姐粉为了重温美好校园时代的归属感，于是，弗洛姆的理论再一次展现其巨大的现实预见性，姐姐粉和妈妈粉为了满足自己的归属感，逃避了自己选择理性消费的自由。

当然了，虽然妈妈粉和姐姐粉这种为了追星而散尽千金的行为逃避了自己选择理性消费的自由，但这毕竟没有给社会和个人带来什么实质性的伤害，而且还满足了她们对归属感的需求，所以我们没有权利对这样的行为进行道德上的指责。最后，我只是想说：希望你们能一直享受为"小鲜肉"摇旗呐喊的感觉，这是一种祝福，也是一声叹息。

我很喜欢汪苏泷和 BY2 合唱的一首老歌《有点甜》，我最爱的是这句歌词："爱要精心来雕刻 / 我是米开朗琪罗……"这就像美国哲学家弗洛姆说的，你需要像艺术家一样，雕刻自己的爱情。

在各种微信公众号上，我们看到了太多披着"恋爱大师"羊皮的"套路贩子"，这些"套路贩子"永远在兜售恋爱技巧，却忽视了爱情的规律。而在现代西方哲学史上，有一位真正的爱情哲学大师，他关注的不是技巧问题，而是爱情的本质规律问题。这位爱情哲学大师就是弗洛姆。

1900 年，弗洛姆出生于德国的一个犹太富商家庭。1922 年，他获得了哲学博士学位。20 世纪 30 年代初期，弗洛姆加入了法兰克福学派，并成为了一名马克思主义者。然而随着纳粹上台，弗洛姆为了避免被迫害，不得不选择移民美国，但他不忘初心，对马克思主义的信仰一直持续到了 1980 年——他生命的最后一刻。弗洛姆不仅是哲学家，也是心理学家，他最大的学术贡献就是将弗洛伊德的精神分析学与马克思的社会批判理论相结合，形成一种全新的文化哲学视角，用来剖析发达工业文明下人类内心的异化与扭曲。

弗洛姆主要的著作包括《逃避自由》《健全的社会》《爱之艺术》等等。

什么是爱情？《太阳的后裔》《来自星星的你》《继承者们》这些韩剧告诉你：爱情就是缘分天注定，无论男主角女主角有什么仇、什么怨，怎么撕、怎么怼，两个人最终还是会走在一起。然而，你自己的感情生活却告诉你：韩剧很丰满，现实很骨感。就像黄小琥唱的那样："相爱没有那么容易／每个人有他的脾气……"弗洛姆认为，爱情是一门需要学习、需要思考、需要磨炼的艺术，就像音乐、绘画、雕刻这些艺术一样，要想成为爱情艺术家，你也要掌握爱情艺术的规律。

弗洛姆：
如果你想获得爱情，你需要掌握这四条法则

常识：爱情是一种神秘的感觉，没有什么道理好讲。

艾瑞克·弗洛姆（Erich Fromm）：爱情是一种艺术，如果你违背了这门艺术的基本规律，那么就必然遭受惩罚，无法拥有真正的爱情。

什么是爱情艺术的规律？弗洛姆总结出了四条：

第一，如果在这个世界上你只爱一个人，那么你连这个人其实也不爱，因为人类的博爱是两性之间爱情的基础。

几年前，我曾经在一家女性杂志做编辑。我记得有一期杂志里，有一位著名情感专栏女作家在文章中写道："不要在乎你的男人对别人怎么样，你唯一需要关注的是他对你怎么样。"我当时差点笑喷了，估计如果弗洛姆能看到这样的观点，他也会哭笑不得。对此，弗洛姆在《爱之艺术》中进行了理性的思辨：如果他（她）只爱你一个人，而不关心其他任何人的话，那么可以肯定的是，他（她）对你的爱也是虚情假意。

因为世界上没有两片完全不同的树叶，无论你多么与众不同，你首先是一个人，拥有人类精神的普遍性，遵循道德、情感的普世价值，这就是所谓的"人性"。在这个基础上，你才拥有某种特殊性，比如你的外表、职业等等。特殊性不能凌驾于人性之上，否则你就不是人了。如果他只对你一个人好，对其他所有人都漠不关心的话，那么就说明在他眼里，你和人类没什么关系，他在自己的思维里完全否认了你具有"人性"，换句话说，他压根儿就没把你当人看。他只是把你当作一个猎物，无论他现在对你多好，多低三下四，等他得到想要的东西以后，他就会把你一脚踢开。在现实生活中，这样的例子并不少见，瞧瞧，弗洛姆的观点多么深刻。因为真正的爱情只是你对于全人类的关爱的一种特殊形式，如果你对所有陌生人、所有路人都漠不关心的话，那么你对这个女人（男人）的爱也只是一种讨好，一种虚伪的迎合。

不仅如此，弗洛姆还进一步指出，每一个人都希望自己拥有人格魅力，因为人格魅力比美貌更持久，比金钱更稳固，它能让你获得更多异性的青睐。那么怎样才能提升人格魅力呢？弗洛姆认为，最好的方式就是学会去关心陌生人。可能有人会感到不可思议，陌生人和我毫无关系，我为什么要关心他们？道理很简单，因为我是人，你也是人，就算我们的教育程度、经济收入、社会关系、地域种族、文化背景都不一样，我们仍然拥有普遍的人性，正所谓"东海西海，心同理同"。正因为我们都是人，所以当陌生人问路的时候，只要我知道怎么走，我就应该告诉他；当陌生人心脏病发作的时候，只要他身边没有亲朋好友，我就应该帮他拨打急救电话；当我捡到别人丢失的手机，只要失主来电话，我就应该还给他。

你看，其实在自己的能力范围内去关心陌生人并不是一件很难的事情。你可以观察一下，在你身边，越是那些在生活中乐于助人，经常会主动关心陌生人的朋友，他们给你的感觉就越温暖、越亲切，你就越想亲近他们。道理很简单：如果一个人连陌生人都能主动关心的话，那么他对自己爱的人会更好。说到这儿，我想起小时候百读不厌的日本漫画《哆啦A梦》，静香是学校的校花，而百无一用的大雄是学校的笑话。然而，长大以后，校花却嫁给了"笑话"。在举行婚礼的前夜，作者借助静香父亲的台词道出了静香爱上大雄的原因："大雄是一个优秀的青年，因为他拥有人类最为宝贵的品质，那就是他会因为别人的幸福而欢欣鼓舞，因为别人的不幸而痛苦万分，无论那个人是谁。"在生活中，我们经常说的"暖男"就是这样的人，这样的人之所以有人格魅力，就是因为他的"暖"不是虚伪，不是讨好，而是一种爱的能力，他懂得如何单纯地关心一个人，仅仅因为这个人需要他的关心，哪怕这个人是陌生人。所以弗洛姆认为，如果你想要提升自己的人格魅力，想让自己成为一个暖男的话，那么你需要学会去关心陌生人。

第二，无论多么亲密无间，恋人之间都要保持最基本的尊重，因为恋人也是"人"，只要是"人"就需要尊重他的人格。

网上流行一个段子，叫作"薛定谔的滚"。这个段子恶搞了著名的物理学思想实验"薛定谔的猫"。意思是说，当你的女朋友对你说"滚"，这句话其实本身并不存在客观的意义，这句话的意义完全取决于你听到以后怎么做。如果你真的滚了，那么以后你就是想回来，人家也不要你了。但是如果你没滚，而是上去抱住她，给她来个"壁咚"，那么从此以后，你就可以带着她仗剑走天涯了。虽然这只是一个有趣的段子，但是它从侧面反映出一个事实：很多人并不懂得去尊重自己的恋人。

在生活中，我们常常会听到有人说这样的话："因为他爱我，所以他就不应该在乎我是不是尊重他，他都应该宠着我。"这种逻辑实际上是自取其辱，因为只有宠物才需要被人宠着，只有宠物才不懂得与人类进行理性的沟通，只有宠物才会动不动就嗷嗷大叫，打滚撒娇。既然就连你自己都把自己当作宠物，那你就不能指望别人会对你始终不渝了，等你的主人玩腻了，就会把你扔到大街上。这样的理性分析听上去很残酷，但这是事实。因为每一个人都需要尊重，无论他（她）多爱你，你都应该对他（她）保持最基本的尊重。为什么？因为他（她）首先是人，是人就有人格，有人格就有被尊重的需要。其次他（她）才是你的恋人，恋爱关系不能凌驾于人道主义之上，否则恋爱关系就变成了宠物和主人的依赖关系。无论你们之间爱得多么轰轰烈烈，都不能成为你不尊重他（她）人格的理由。在生活中，有很多恋人的争吵好像只因为一点小事，但在这些小事的背后，却是其中一方长期得不到另一方的尊重，这就像火山一样，压抑越积累越多，最终总会爆发。因此，弗洛姆提出，无论多么相爱，恋人之间都要保持最基本的尊重。

第三，没有共同语言的爱情不会长久，所以真正的爱情是"因为我爱你，所以我需要你"，而虚假的爱情则是"因为我需要你，所以我爱你"。

陈奕迅有首歌叫《爱情转移》，是这样唱的：

徘徊过多少橱窗 住过多少旅馆

才会觉得分离也并不冤枉

感情是用来浏览 还是用来珍藏

好让日子天天都过得难忘

熬过了多久患难 湿了多少眼眶

才能知道伤感是爱的遗产

流浪几张双人床 换过几次信仰

才让戒指义无反顾地交换

这首歌的歌词不仅富有诗意，而且表达了一个很深刻的观点，这个观点也是弗洛姆所认同的，即来自纯粹功利性需要的爱情不会长久，因为双方没有共同语言，无论当初如何海誓山盟，最终仍然会烟消云散。

什么是共同语言？说白了，就是两点，第一点是三观基本相同，第二点是你们之间最少得有一个共同的兴趣爱好，这两点缺一不可。我以前有一个高中同学，他去年和女朋友结婚了，两个人是相亲认识的。一个是高富帅，另一个是白富美，在别人眼中，他们是天作之合。但今年 6 月份，两个人离婚了。他们告诉我，两个人生活在一起并没有产生什么矛盾，但最大的问题就是没话说，因为我那个哥们儿最大的爱好就是打网络游戏，而他老婆最大的爱好是旅游，他们看的电视节目、喜欢的音乐完全不同，几乎找不到任何相同的兴趣，所以他们在一起基本上就是各玩各的，两个人与其说是夫妻，不如说是室友。除了吃喝拉撒以外，两个人之间找不到共同的话题。长此以往，他们觉得越来越压抑，越来越孤独，所以最终只能选择离婚。

这样的例子并不少见。按照弗洛姆的分析，在这个例子中，夫妻双方都只是把对方当作一件工具，而不是一个人，他们决定结婚仅仅是因为彼此作为工具的功能满足了双方的功利性需要。但是人有价值观，就有兴趣爱好，这些都会体现在生活方式上。如果这些生活方式上的要素完全不同的话，那么彼此之间就不可能有共同语言。这样一来，夫妻之间的交流就变成了尬聊，而尬聊会让爱情失去温度，因此弗洛姆才会说："真正的爱是因为我爱你，所以我需要你，而虚假的爱是因为我需要你，所以我爱你。"

第四，谎言只会腐蚀你的爱情，哪怕是善意的谎言，因为它会腐蚀爱情的基石，这就是信任。

有一部美国电影叫《楚门的世界》，讲的是主人公楚门从刚一出生就被导演组看中，之后 30 多年所有的生活都是真人秀节目，他的朋友、他的妻子都是这个真人秀节目的演员，全世界几十亿观众都在看着他的一举一动，但他自己却毫不知情。然而，随着剧情的发展，楚门最终发现了他几十年如一日都生活在一个巨大的影棚里。电影的高潮是真人秀的导演告诉楚门，虽然他生活的世界是虚假的，但没人会伤害他，所以希望他继续留在这里，然而，楚门还是选择了离开这个美丽谎言编织的世外桃源，前往真实的世界。既然节目组制造谎言并不是为了伤害楚门，那为什么楚门还会选择离开呢？因为谎言本身就是最大的伤害。在现实生活中也是如此，当你发现，你爱的人一直在欺骗你，就算谎言不会给你带来什么直接危害，但你仍然会感到发自内心的痛苦，因为最让你痛苦的并不是他隐瞒的内容，而是你再也不能百分之百地信任他，换句话说，你痛苦的是自己心态的改变，你觉得自己越来越缺乏安全感。因此，弗洛姆告诫人们，只要你不想让自己爱的人受到伤害的话，就千万不要撒谎，哪怕你并没有恶意。因为人类心灵所遭受到的最大的伤害就是，你发现你无法再像以前那样信任那个口口声声说爱你的人。

综合以上四点，我们已经了解了弗洛姆总结出的爱情艺术的四条基本规律。如果你能遵循这四条规律的话，可以肯定的是，你收获幸福爱情的概率将大大提高，这也正是我对每一位读者的真心祝愿。

苏格拉底：
无知者的作茧自缚是你最好的反击

常识：面对这个人的无理挑衅，我必须得直接怼他，否则的话不就等于我认怂了吗？

苏格拉底（Socrates）：你要真的想教训他，就顺着他的逻辑说，让他发现自己的自相矛盾是多么可笑。

有一只鳄鱼，它抢走了一个男人的孩子，这只狡猾的鳄鱼对男人说："咱们现在玩个游戏吧，规则是这样的。我有两个选择：第一，把你的孩子吃掉；第二，把你的孩子还给你。你猜我会怎么做？如果你猜对了，我就把孩子还给你，如果你猜错了，我就吃掉你的孩子。"

　　面对鳄鱼的圈套，男人思索片刻，然后胸有成竹地对鳄鱼说："我猜你会吃掉我的孩子。"鳄鱼马上说："你猜对了！"说完就要吃掉男人的孩子，而男人却突然大喊一声："等等！按照你自己定的游戏规则，如果我猜对了，你就应该把孩子还给我。"听到这话，鳄鱼只能出尔反尔地说："你刚才猜错了，这回我能吃了吧。"男人笑了："如果我猜错了，你就更应该把孩子还给我，因为我猜的是你会吃掉我的孩子，如果我猜错了的话，就意味着你不会吃掉我的孩子，所以无论我猜对还是猜错，你都应该把孩子还给我。"鳄鱼当时就傻眼了，它本来是想通过一种无赖的游戏规则让男人陷入两难境地，然后吃掉孩子。没想到的是，男人比自己还无赖，他没有拒绝游戏，而是聪明地利用了规则让鳄鱼跳下了自己挖的坑。没办法，鳄鱼只能乖乖地把孩子还给了男人。

　　在这个故事里，男人说服鳄鱼使用的方法是"以子之矛，攻子之盾"。其实，这种方法早在古希腊时代就已经有了较为原始的版本，而使用者便是苏格拉底，他被誉为"第一位将哲学从天上拉回人间的西方哲学家"，而且还是一位善于从内部攻破敌人堡垒，让对方发现自己是在作茧自缚的逻辑学大师。

公元前 469 年，苏格拉底出生于希腊雅典的乡村，父亲是雕刻师，母亲是接生婆。苏格拉底成长的年代，正是民主政体在政治家伯利克里的领导下蒸蒸日上的历史时期。20 岁起，苏格拉底师从哲学家阿那克萨戈拉的弟子阿尔赫拉于斯。苏格拉底天资聪颖，勤奋好学，他最大的爱好就是在公共场合与他人讨论各种各样有趣的问题，"什么是友谊""什么是爱情""什么是美德""什么是正义"等都是他热衷的话题。

之所以要对这些问题进行讨论，主要有两个原因：第一，苏格拉底发现，生活常识中有太多的观念难以自圆其说，正所谓"话不说不透，理不辩不明"，所以他才和别人一起开展"头脑风暴"，来弄清楚这些概念的本质。他有一句名言："未经反思的生活是不值得过的。"意思是，稀里糊涂地过一辈子是没有意义的。这句格言也成了后代很多哲学家的座右铭。第二，苏格拉底有一次去德尔菲神庙占卜求签，他的问题是"谁是雅典最有智慧的人"，神职人员告诉他，神的回答是："雅典最有智慧的人是苏格拉底。"这让苏格拉底百思不得其解，他知道自己很无知，怎么可能是最有智慧的人呢？因此，他决定与各行各业的雅典市民讨论那些哲学问题，看看自己是否比他们有智慧。最后的结果是，苏格拉底发现这些诗人、政治家、手工业者和自己一样无知。于是，苏格拉底明白了德尔菲神庙的占卜结果：自己虽然无知，但最起码有自知之明，但那些人不仅无知，还自以为是，认为自己智慧过人，"自知之明"让自己成为了雅典最有智慧的人。从此之后，苏格拉底与别人聊天的目的就成了"帮助他人发现自己的无知"。就这样，日复一日，年复一年，越来越多与苏格拉底聊天的人路转粉，这其中就包括日后成为哲学巨匠的柏拉图和历史学家的色诺芬。

如果放在今天，很多人看到苏格拉底整天无所事事，只想着和别人尬聊，估计会认为他精神上不太卫生，应该去看看"精神卫生科"。苏格拉底的老婆当时也是这么想的，因为苏格拉底每天很晚才回家，这让爱妻颇为不悦。有一天晚上，苏格拉底和几个朋友一边争论"先打雷还是先下雨"的问题，一边走到了家门口，老婆看到这一幕，顿时勃然大怒，先是冲上去给了苏格拉底一个特响的大耳光，然后又把用过的洗澡水一股脑儿地泼向苏格拉底，把他浇成了"咸水鸭"。不过苏格拉底并没有生气，而是兴奋地对身边的朋友说："你们看，我说对了吧，就是先打雷，后下雨！"

其实苏格拉底也不是完全无所事事，而是热衷于政治。在当时的民主制度中，公民大会对雅典城邦的所有重大问题都实行投票表决，同时设置五百人会议，管理港口、军事设备以及公共财产，五百人会议以抽签的方式一年一换。40岁时，这位关心公共事务的"尬聊之王"成为了五百人会议的一员。

不仅如此，苏格拉底还是一个出色的军人。公元前431年，伯罗奔尼撒战争爆发，这场长达 27 年的战争最终导致雅典不得不将整个希腊的领导权交给斯巴达的寡头势力。战争初期，苏格拉底在重型步兵团服役，参加了三次重要战役。根据苏格拉底的学生色诺芬创作的回忆录《回忆苏格拉底》中的记载，苏格拉底"相貌丑陋，吃苦耐劳，不畏寒冷，力大无穷"。这种勇敢无畏的战士形象也正是当时雅典的军人们眼中的苏格拉底。

然而，伯罗奔尼撒战争的失败导致了雅典政局的混乱，而苏格拉底的刚正不阿又招致了寡头政体和民主政体双方势力的共同仇视。最终，在公元前 399 年，重新执掌政权的民主派判处苏格拉底死刑，罪名是"缺乏对于神的敬重"和"教唆青年颠覆信仰"。但实际上，苏格拉底并不是必死无疑。在当时，雅典有这样一条法律：如果被判处死刑的人逃亡国外，或者用金钱赎罪的话，法律都不再追究。在关押期间，苏格拉底的学生们买通了监狱看守，试图帮助他逃走，但是耿直的苏格拉底拒绝了学生的好意，因为他认定自己无罪，所以他对学生说：如果逃走的话就等于承认了自己是畏罪潜逃，那是对于真理的背叛。苏格拉底在喝下监狱看守给他的毒酒之前，为学生们留下了最后一句遗言："学习哲学就是学习死亡。"随后，苏格拉底慷慨赴死。

纵观苏格拉底的一生，他大部分的时间都在与路人的谈话中度过。我们刚才说了，苏格拉底发现自己比别人聪明的唯一优点就是有自知之明，他知道自己一无所知，所以苏格拉底和别人尬聊的目的就是让别人也分享自己唯一的优点。大家好才是真的好。但在这个世界上，太多的人都羞于面对自己的无知，所以他们选择自欺欺人。如果你直接扯下他们自以为是的面具，他们会恼羞成怒。那么，怎样才能让这些人认清自己的无知呢？苏格拉底提出了"精神助产术"的方法，即通过话语的引导，让这些人发现自己的观点充满了矛盾，从而主动摘掉自己不懂装懂的面具。

摘一段色诺芬在《回忆苏格拉底》中记录的对话，你就会明白"精神助产术"究竟是什么意思。对话的一方是苏格拉底，另一方是雅典城内有名的"小鲜肉"尤苏戴莫斯。

苏格拉底：请问你知道什么是善行，什么是恶行吗？

尤苏戴莫斯：当然知道。

苏格拉底：那么我问你，欺骗、偷盗、囚禁他人是善行还是恶行？

尤苏戴莫斯：这些行为自然都是恶行了。

苏格拉底：可是，如果一位将军战胜并囚禁了侵略自己祖国的敌人，这是恶行吗？

尤苏戴莫斯：不是。

苏格拉底：如果这个将军在作战时欺骗了敌人，并偷走了敌人的作战物资，这是恶行吗？

尤苏戴莫斯：不是。

苏格拉底：你刚才讲欺骗、囚禁和偷盗都是恶行，怎么现在又认为不是呢？

尤苏戴莫斯：我的意思是对朋友、亲人实施上述行为的话是恶行，而你列举的情况都是针对敌人的。

苏格拉底：好吧，那么我们就专门讨论一下对自己人的问题。如果一个将军率军作战时被敌人包围，士兵们因伤亡、困乏而丧失了作战的勇气，将军欺骗他们说："援军即将到来，我们来个里应外合将敌人一举歼灭吧。"从而鼓起士兵的勇气，赢得了战争的胜利，请问这是善行还是恶行？

尤苏戴莫斯：我想这是善行。

苏格拉底：如果一个孩子生病需要吃药而又嫌药太苦不肯吃，他父亲欺骗他说药很好吃，哄他吃了，孩子很快恢复了健康，父亲这种行为是善行还是恶行？

尤苏戴莫斯：是善行。

苏格拉底：如果有人发现他的朋友绝望地想自杀，就偷走了朋友藏在枕头下的刀，这是善行还是恶行？

尤苏戴莫斯：是善行。

苏格拉底：你刚才说对敌人的行为，即便是欺骗、奴役、偷盗也不是恶行，这种行为也只能对敌人，对自己人的话是恶行。那现在这几种情况都是对自己人，你怎么认为它们都是善行呢？

尤苏戴莫斯：哎呀，我已经不知道什么是善行、什么是恶行了。

在这段对话中，苏格拉底自己并没有定义什么是善、什么是恶，而是先给出几个听上去比较坏的概念——欺骗、偷盗、囚禁，让尤苏戴莫斯自己选择这些行为的道德属性。果不其然，尤苏戴莫斯对于这些概念给出了一个常识性的结论，认为这些行为都是恶行。

接着，苏格拉底也没有直接进行驳斥，而是按照尤苏戴莫斯的界定，通过列举一个又一个的反例让尤苏戴莫斯明白，在某些社会情境下，所谓的"恶行"完全可以转化为善举。就这样，尤苏戴莫斯发现，他对于恶行的理解走向了自相矛盾，最终只能承认自己在这个问题上的无知。这就是苏格拉底的"精神助产术"。

苏格拉底的"精神助产术"实际上是一种归谬法。这就好比你步行在路上，目的地是公园，但你的方向走反了。这时，你的朋友碰巧开车路过。如果他直接告诉你"你方向错了，路在这边"，自信的你可能会认为他错了，你们俩各执己见，谁也说服不了谁，最后反而延误了你认清方向的时间。但如果你的朋友是苏格拉底，他不会和你争辩，而是先邀请你上车，再沿着你认为正确的方向一路狂奔，很快你就会发现，前进方向和公园南辕北辙。接着，你会主动请求你的朋友带你往回走，这样既能省去无效争辩的时间，又能帮助你更快地认识到方向的错误。由此看来，"精神助产术"是一种操作性很强的说服方式。

在历史上，有很多杰出的社会活动家、政治家都精通苏格拉底的"精神助产术"。20 世纪著名的黑人民权领袖马丁·路德·金，在与种族主义者的交锋中，多次使用"精神助产术"来解构对方的观点，让种族主义者作茧自缚。例如，有一次在广场集会上，马丁·路德·金和一位白人牧师展开辩论。白人牧师以讽刺的口吻对马丁·路德金说：

"您是一位民权领袖，致力于黑人的解放，非洲有那么多黑人，您为什么不去非洲？"马丁·路德·金反问道："您是一位牧师，致力于灵魂的解放，地狱里有那么多灵魂，您为什么不下地狱？"马丁·路德·金机智的回答赢得了群众的欢呼，也让白人牧师哑口无言。

在这次辩论中，如果马丁·路德·金直接告诉对方自己不去非洲的原因，那么很容易陷入一问一答的被动局面，但是如果拒绝回答对方的问题，又会被群众误以为自己是理亏词穷，所以面对这种明显具有挑衅性的问题，睿智的马丁·路德·金使用了苏格拉底的"精神助产术"。他向对方所传达的逻辑是：己所不欲，勿施于人。如果你提出的问题就连自己都觉得荒谬，为什么还要让对方回答呢？

这就是"精神助产术"的力量，虽然它并不是你和别人进行诡辩的工具，但是在生活中，我们难免会遇到一些出言不逊、蛮不讲理的人。对于这样的人，如果你直接表达出自己的观点，那是对牛弹琴；如果你理直气壮地批评他，那么会引发口角冲突。所以最好的方法就是使用"精神助产术"，就像马丁·路德·金一样，将对方的逻辑沿用到对方自己身上，让对方发现自己的无知是何等可笑。如果有人挡在你面前，对你说："我从不给白痴让路。"你应该主动为他让开路，微笑地对他说："我和你正相反。"这就是苏格拉底式的幽默。别忘了，无知者的作茧自缚是你最好的反击。

第 三 章

生命的高冷——价值的信仰

阿伦特：
平庸让你成为刽子手

常识：无论身处什么样的社会背景，都应该做好自己的本职工作，做一个安分守己的好人。从小到大，我父母一直都是这样教育我的。

汉娜·阿伦特（Hannah Arendt）：如果你生活在纳粹执政的时代，你的安分守己并不能证明你是一个好人，恰恰相反，你的本职工作做得越好，你距离杀人犯的身份也就越近。

几年前，我曾经做过一段时间的对外汉语教师。在我所教的学生里，有一位来自韩国的留学生小裴。我记得很清楚，小裴那张自带"PS效果"的美颜绝对可以用"花样男子"来形容，甚至和这几年大红大紫的韩国演员宋仲基相比也毫不逊色。在课余时间，他在学校对面的酒吧里当酒保，自此以后，这家以前门可罗雀的酒吧一下子就起死回生了，真可谓是"醉女之意不在酒，在于美男之间"。不过他给我留下最深印象的一件事，却是一次课堂演讲。我当时给同学们布置了这样一个演讲主题"最让我感到羞耻的事情"。

　　那天，小裴演讲的内容令包括我在内的所有人都大为震惊，他讲的是关于他爷爷的故事。

　　1965年，在时任美国总统约翰逊的"邀请"下，当时的韩国总统朴正熙先后向越南战场派遣了30万作战官兵，成为美军和南越军队的帮凶。小裴的爷爷当时是韩军的一名少将，也是这30万韩国军队中的一员。对现代战争史有一定了解的人都知道，韩国军队在越战中的真实表现可不像韩剧《太阳的后裔》中的长腿欧巴那样风度翩翩、温文尔雅。在惨烈的越南战场上，韩国军队对北越的村庄实行"三光政策"，一路上烧杀抢掠，无恶不作。仅仅是有统计的屠杀平民数量，就高达8000人以上。直到2001年，当时的韩国总统金大中才对越南受害者公开道歉。而让我的学生小裴感到最羞耻的，不仅仅是他的爷爷参加了这场惨绝人寰的战争，更是直到现在，他的爷爷仍然认为，虽然韩国卷入这场侵略战争是错误的，但他自己作为职业军人，只是在执行上级的命令，正所谓"军人以服从命令为天职"，因此他不需要为此承担任何责任，所以他也就没有丝毫的愧疚感。尽管小裴很爱他的爷爷，但是这种通过职业来为自己罪恶行为开脱的想法却让他感到非常可耻，而且让他无法理解的是，平时通情达理的爷爷为什么会如此冷酷无情。在演讲中，小裴流下了痛苦的眼泪，而在场的所有同学，都为小裴大公无私的勇气而热烈鼓掌。

下课以后，我和小裴聊了一会儿，并向他推荐了一本书——犹太裔哲学家汉娜·阿伦特的著作《耶路撒冷的艾希曼——一份关于平庸的恶的报告》。正巧，这本书有韩文版。

为什么我会给小裴推荐这本书呢？因为小裴爷爷，正是阿伦特在这本著作中研究的对象。

在群星璀璨的20世纪西方哲学界，真正具有国际影响力的女性哲学家却是屈指可数。阿伦特就是其中一位。

1906年，汉娜·阿伦特出生于德国汉诺威的一个犹太人家庭，大部分女孩可能对哲学不感兴趣，但阿伦特却是一个例外，她从小就对康德、黑格尔产生了浓厚兴趣。在孜孜不倦的努力下，阿伦特顺利考上了弗莱堡大学，师从存在主义哲学家海德格尔。正是在攻读博士学位期间，最为后人津津乐道的感情纠葛发生了：青春靓丽的阿伦特爱上了自己的导师——已婚的成功人士海德格尔。

但之后发生的事令阿伦特伤心欲绝，她终于意识到自己爱上的是一个"人渣哲学家"，更何况海德格尔曾经一度站到了纳粹的立场上，阿伦特作为一名犹太人，终于决定彻底和海德格尔分手。

1933 年，为了避免为纳粹迫害，阿伦特离开了德国，前往法国巴黎。在这里，她开始创作自己的哲学处女作《极权主义的起源》，这本研究极权主义社会根源的哲学著作在 1951 年才得以出版。也正是在巴黎，阿伦特结识了德国哲学学者布吕赫，两人于 1940 年结婚。

然而，新婚不久，德国便入侵法国，为了摆脱像自己的犹太同胞那样被送往奥斯维辛集中营集体屠杀的境遇，阿伦特再次选择移民，她和丈夫选择一起定居美国。在之后的人生岁月里，阿伦特的大部分时间都在美国的大学里教书。

20 世纪 50 年代至 20 世纪 70 年代，这 20 年是阿伦特一生创作的黄金期。她先后出版了《人的境况》《在过去与未来之间》《耶路撒冷的艾希曼》《论革命》《共和的危机》等经典哲学著作。

最值得一提的是《耶路撒冷的艾希曼》这本书。阿道夫·艾希曼是"二战"时德国纳粹的一名高级军官，他主要的工作就是在集中营对犹太人和斯拉夫人进行大规模屠杀。"二战"结束以后，艾希曼逃亡到了南美洲，直到 20 世纪 60 年代初，才被以色列情报机关所抓获。

1961 年，一场审判艾希曼的国际法庭审理在耶路撒冷开庭。此时的阿伦特不仅是大学教授，还是知名杂志《纽约客》的特派记者。于是，在《纽约客》的指派下，阿伦特前往耶路撒冷，旁听了这场"世纪大审判"。

1962年，经过长达一年的审理，导致600万犹太人被杀害的刽子手艾希曼被判处绞刑。在这之后，阿伦特出版了直到今天仍然备受争议的"庭审报告体"哲学著作《耶路撒冷的艾希曼》。

这本书刚一问世，阿伦特马上就被全世界的所有犹太人群起而攻之，他们骂阿伦特是一个背叛自己民族的"犹奸"，一个数典忘祖的蠢货。究竟阿伦特写了什么，居然让本民族的同胞们如此愤慨呢？

阿伦特在这本书中提出了"平庸之恶"这一极具颠覆性的概念。原来，在法庭审理艾希曼的过程中，阿伦特发现，虽然艾希曼是一个杀人魔王，但他并不是人们想象中那种青面獠牙、凶相毕现的恶棍形象。恰恰相反，无论是言行举止，还是精神气质，这都是一个与世无争、老实巴交、安分守己的"小公务员"形象。不仅如此，艾希曼在回答律师问题的过程中表现得温文尔雅，看不出丝毫的暴力倾向，简直就像一个无辜的谦谦君子。这引发了阿伦特深深的思考：究竟是什么样的一种力量让这个"小公务员"变成了一个在执行血淋淋的屠杀任务时麻木不仁的杀人机器呢？经过细致的分析，阿伦特给出了她的答案，那就是"平庸"。

中国有句俗话："平平淡淡才是真。"但为什么阿伦特会将"平庸"视为隐藏在艾希曼身上的幕后真凶呢？因为在阿伦特看来，艾希曼这个人之所以"平庸"，是因为他的性格和绝大多数人没什么两样，而这种"平庸"正是他身上最大的恶，之所以说平庸本身就是恶，这是因为"平庸"包含两种最基本的属性。

第一，永远被所谓的"生活常识"包裹，缺乏对于社会现实进行批判反思的能力。

通过艾希曼在法庭上的一言一行，阿伦特敏锐地观察到：艾希曼唯一的个性就是毫无个性，他并不是人们想象中那种满脑子都是种族仇恨的变态狂，他心里也没有那种为了建设一个"反乌托邦"而不惜毁灭全人类的"政治抱负"。相反，他太普通了，普通到他没有任何异于常人的思想，而这恰恰是问题所在。他和这个世界上很多普通老百姓一样，从来没有什么坚定的信仰，也缺乏反思现实的理性精神。他只是想让自己和家人在物质生活上过得好一点，这是他全部的人生追求。艾希曼的人生观和价值观完全是常识性的，他和大多数同时代的普通德国人一样，纳粹媒体灌输给他什么，他就接受什么，从不怀疑社会常识给予他的任何观点。一旦社会潮流有所变化，他的观念也会随波逐流。对他来说，整个社会只分为两类人：正常人和不正常的人。所谓正常人，就是永远和多数人保持一致的人；而不正常的人，就是那些思考方式或者生活方式显得与众不同的"不识时务者"，用我们今天的话说，就是"奇葩"。

社会常识总是一再向他灌输这样的观念：现实就是现实，你永远无法改变，所以千万不要去质疑现实，否则你将与大多数人为敌。正是因为一直被这样一种"常识"包裹，所以艾希曼懒得动脑子去读任何有思想深度的书籍，更懒得对社会现实进行任何批判性的思考。长此以往，艾希曼和纳粹时代的其他普通德国人一样，已经失去了对社会文化和政治时局的反思能力。因此，虽然艾希曼本人在情感上对犹太人并没有什么强烈的深仇大恨，但因为多数人都相信"犹太人是劣等民族，就应该被清洗"这样的"常识"，为了让自己和多数人保持一致，成为"正常人"的一员，他的内心也会屏蔽掉自己对于这个观点的任何质疑。阿伦特认为，这样一种"无脑"的生存状态正是艾希曼沦为杀人机器的基本前提，也是"平庸之恶"的第一个特征。用一句凝练的语言来表达就是：普通民众的沉默，是一切反人类暴行的通行证。

第二，将职业道德凌驾于其他一切道德原则之上。

如果说全盘接受生活常识，对社会现实缺乏质疑反思的能力导致了艾希曼沦为"沉默的大多数"，那么在这一基础上，所谓的"职业道德"便成为了艾希曼最终变成杀人如麻的刽子手的直接诱因。

阿伦特深刻地指出，在生活中，我们常常会把"职业道德"当作一个毋庸置疑的褒义词。我们常会说"这个医生很有职业道德""这个律师职业道德素质很高"，但如果我们把社会各个职业领域统合起来，当作一个整体来看的话，就会发现：无论职业道德有多么重要，它都必须服务于整个社会的人道主义道德原则。换句话说，无论你的职业是什么，你的职业道德都不能和人道主义道德原则相冲突，否则的话，你越是忠于职守，越是遵守自己的职业道德，你对人类所犯下的罪行反而就越大。

对于一个士兵来说，他所要遵循的职业道德就是："服从上级的命令是军人的天职。"这个职业道德只有在不违反人道主义这样一种人类基本的普世原则的前提下，才是应该被遵守的。但让我们假设一下：如果一个士兵得到的上级命令是屠杀敌国的战俘和平民的话，这样一种命令也应该被执行吗？如果执行了这样的命令，那么这个士兵虽然遵守了所谓的职业道德，但他却违反了人道主义的普世原则，所以他仍然是在犯罪，而且这个士兵执行命令的效率越高，行动越积极，他的罪责就越深重。因为他的身份首先是一个"人"，然后才是一个"士兵"，对于那些参与过南京大屠杀的日本军人来说，他们连"人"的资格都够不上，就更谈不上成为什么所谓的"好士兵"了。

然而，阿伦特却发现，像艾希曼这样的"平庸之辈"，因为缺乏对社会的反思能力，也没有任何超越经验现实的价值追求，所以他只知道一种道德，这就是职业道德，他不懂得什么是人道主义，因为对他来说，他人生的全部意义就是让自己和家人生活富足。为了满足这种需求，他每天只关注一件事：做好自己分内的工作，尽力完成上级布置的每一项任务。只有这样，他才能守住饭碗，并且不断获得职位晋升。总之，"忠于职守，安分守己"这种职业道德几乎是他全部的人生信条。然而，对职业道德的恪守遵循反而成为了他带给犹太人巨大灾难的原罪。为什么？因为他的职业就是制订详细周密的大规模屠杀犹太人的计划。

正是因为艾希曼缺乏对自身职业价值的反思能力，他从来不会问"为什么"，从来不会向自己提出问题，类似"为什么一定要把所有犹太人斩尽杀绝，为什么我要把屠杀无辜的平民当作自己的事业"的问题，他只关心"如何"，他仅仅关注"我如何才能完成本职工作？我如何才能将屠杀犹太人的计划制定得更加富有成效"的问题，所以艾希曼根本不会把自己和"刽子手"这个词联系在一起，他只是很傻很天真地认为自己只是在履行职业道德赋予自己的义务。

阿伦特说：这才是法西斯主义最让人感到毛骨悚然的地方！犯下惨绝人寰罪行的杀人犯对自己的所作所为完全无动于衷，因为他坚信自己只是在完成本职工作！

以上两种基本属性构成了普通大众灵魂深处的"平庸之恶"。在《耶路撒冷的艾希曼》这本著作中，阿伦特一语中的地指出：正是"平庸之恶"的开花结果，让艾希曼在不经意间就成为了杀人无数的刽子手。

阿伦特的著作刚一出版，就引发了轩然大波，很多犹太团体都公开发表了谴责阿伦特的声明，甚至还有读者向阿伦特寄去恐吓信。因为他们认为，阿伦特在著作中传达了一套为艾希曼开脱的逻辑：艾希曼是无辜的，因为他最大的恶只是平庸，而这种"平庸之恶"是普通大众，甚至就连犹太人自己都具有的精神气质。既然大多数人都是平庸的，那么艾希曼就不需要为这种"平庸之恶"承担责任。所以这些犹太愤青们就得出了一个结论：阿伦特是一个数典忘祖、背叛民族的"犹奸"。

燕雀安知鸿鹄之志哉？那些指责阿伦特为"犹奸"的犹太人实在对不起他们在"二战"中经受的苦难。阿伦特之所以要通过层层深入的理性分析，最终找到"平庸之恶"这个让"小公务员"变成"杀人机器"的罪魁祸首，并不是因为她认为艾希曼没有罪责，而是因为她想到了一个深刻的问题：如果我们对艾希曼这些杀人如麻的战争屠夫进行法庭审判的目的，仅仅是为了给他们贴上"罪大恶极"这样的标签，然后再对其执行绞刑，在肉体上消灭他们的话，这样做就等于以史为鉴了吗？这样真的能为我们避免下一次更大规模的种族屠杀起到一丝一毫的预防作用吗？显然，如果我们找不到近代以来人类利用先进的科学技术进行大规模种族屠杀的社会文化根源的话，那么下一次大屠杀再次爆发的可能性就不会得到任何削减。因为，我们不知道大屠杀究竟为什么会发生。可能你会说，这完全要归咎于那些坏蛋政治家的存在，就像希特勒、东条英机、墨索里尼等丧尽天良的魔鬼。

然而，问题恰恰在于：第一，能力再惊人的"魔鬼"也只是社会个体，他们的个人能力是很有限的，就算他们有毁灭全人类的野心，但如果没有大量的普通民众作为帮凶的话，他们自己是孤掌难鸣的。那么，为什么普通民众会心甘情愿地助纣为虐呢？如果找不到这个原因的话，那么假如未来又出现新的"魔鬼"，你凭什么相信历史不会重蹈覆辙呢？第二，也是更重要的一点，是那些极端邪恶的"魔鬼"不仅在生活中非常具有辨识度，而且在社会上也并不多见。如果人类消灭了这些"魔鬼"就能一劳永逸地解决问题的话，那么人类历史上早就不应该有"种族清洗""集中营"这些东西了。所以，解决问题的关键并不是消灭那些显而易见的"魔鬼"，而是找到那些隐藏在每一个普通人灵魂深处却一再被"魔鬼"所利用的"平庸之恶"。这种"平庸之恶"让普通人比"魔鬼"更可怕，因为它就像潜伏在免疫系统里的艾滋病病毒一样，平时不会让人产生任何症状，可一旦稍微有点感冒，艾滋病病毒就会被彻底释放出来，在很短时间内摧毁人的全部免疫防线，置人于死地。

隐藏在灵魂里的"平庸之恶"同样如此，在日常生活中，我们不仅不会批判它，反而会觉得这是一种"安分守己""老实巴交""平平淡淡才是真"的品质。可一旦和平生活被战争阴影所笼罩，公正秩序被强权暴力所侵扰，那些"平庸之恶"的阴暗恐怖就会像火山爆发一样彻底喷发。艾希曼本来就是一个平庸的小公务员，但正是这种毫无思想、恪守常识的"平庸"最终绽放为一朵杀人于无形的"恶之花"。

之所以说阿伦特并没有为艾希曼的罪责开脱，而是揭示出了艾希曼为什么会异化为战争罪犯的社会文化根源，正是因为她的分析其实是一种包含了自我反省的全民批判，因为在她看来，虽然艾希曼已经被定罪，但这并不意味着其他人（包括她自己）就是无辜的，因为那些在"二战"中为了保全自己而甘愿在纳粹的铁蹄下充当顺民的犹太人，他们的毫无作为难道不正是纳粹所希望看到的"合作"吗？

再进一步说，对于其他被"平庸之恶"囚禁的普通人来说，如果由他们来做艾希曼的职业，他们会怎么选择？他们能拍着胸脯说"我保证不会屠杀自己的同胞"吗？他们自己的思想能够超越常识的束缚，摆脱那种凌驾于人道主义之上的职业道德的洗脑吗？显然，既然"平庸"本身已经成为了社会大众的一种精神常态，那么很少有人能够理直气壮地去回答这些问题。换句话说，如果换作是你做这样一份工作，你很有可能会成为另一个艾希曼。因为你和艾希曼同样对社会常识缺乏反思能力，同样是一个总希望和大多数人保持一致的正常人，同样把职业道德当作全部道德原则，所以每一个人心中其实都住着"艾希曼"。只要你在思想上甘于平庸，那么在下一次大屠杀中，你沦为刽子手一点也不奇怪。

从这个角度来看，犹太人不仅没有理由指责阿伦特，反而应该对其嘉奖，因为阿伦特的批判在文化深层次上找到了问题的根源，这就像医生给患者看病一样，只有找到了病因才有可能真正治愈疾病。如果讳疾忌医，就像我朋友小裴的爷爷一样，拒绝承认自己的暴行，这实际上是一种自欺欺人的鸵鸟策略，虽然他不会受到法律审判，但却早已是"平庸之恶"的阶下囚。

当然，虽然阿伦特的著作饱受争议，但她并不是一个人在战斗。30年后，英国社会学家鲍曼进一步深入研究了"平庸之恶"的社会发展机制问题。鲍曼认为，对于很多现代人来说，职业道德之所以能够变得如此重要，甚至能够凌驾于人道主义原则之上，其中最不可忽视的社会根源就是在现代工业乃至后工业的发展进程中，行业的分工越来越明细，越来越多样。这种不断细化的行业分工导致了职业道德也变得越来越碎片化。一旦职业道德高度碎片化以后，我们就不会再去关注不同部门。不同行业的工作，而是把所有注意力集中在自己职业的那"一亩三分地"上。

鲍曼认为，正是这样一种高度分化的行业分工产生了这样一种现象：屠杀犹太人需要各个工种的配合，每个工种的工人都参与了屠杀，但每个人都认为自己很无辜。

"用毒气对犹太人进行大规模种族清洗"这件事情，需要不同工种配合，有司机负责开卡车把犹太人集体带到毒气室，有工人负责制造毒气粉末，有建筑师需要负责设计毒气室，有士兵负责守卫毒气室，有技师负责在毒气室外面的控制室按下释放毒气的按钮……这些人其实都应该为屠杀犹太人而承担责任，但对于每个人来说，他们没有一个人的工作能够独立完成整个屠杀过程，他们只关注做好自己的本职工作，并不在意其他人到底做了什么。司机不知道运输这些人是为了什么，工人不知道这些有毒的粉末是干什么用的，建筑师不知道政府用这间屋子是为了做实验还是为了杀人，士兵不知道为什么要守卫这间屋子，技师也不知道被毒气杀死的是研究用的动物还是什么……所以他们每个人都觉得屠杀这件事和自己无关，但事实上，他们共同参与了屠杀。正因如此，鲍曼才说，现代工业的高度分工让我们每一个不想作恶的平凡人犯下滔天大罪成为了可能。

最后，我想说，人类应该感激阿伦特和鲍曼这样的哲学家，他们那有如尖刀利刃的思想锋芒让人类避免下一次的自我屠杀成为了可能。

巴特勒：
女人并不存在，男人也不存在

常识：女人要有女人味，男人要有男人样。

朱迪斯·巴特勒（Judith butler）：你有没有思考过这样几个问题：是谁规定你必须像女人一样生活？又是谁规定他必须像男人一样生活？这个世界上存不存在绝对的纯爷们儿和百分之百的女人？

印度演员阿米尔·汗主演过一部激动人心的励志电影《摔跤吧！爸爸》。在这部电影中，阿米尔·汗扮演的摔跤运动员在退役以后，本来希望自己未来的儿子能够子承父业，为国家赢得奥运会摔跤比赛冠军，但他的妻子却一连为他生了四个女儿，在印度这个等级森严、女性地位低下的国家，传统文化秩序将大多数女人的一辈子都锁在生儿育女做家务的主妇身份之中。

随着女儿们慢慢长大，阿米尔·汗却喜出望外地发现，其中两个女儿拥有惊人的摔跤天分，而她们对这项运动也产生了浓厚的兴趣。于是，阿米尔·汗做了一个冒天下之大不韪的决定：培养这两个女儿成为出色的职业摔跤手。就这样，两个女儿从此走上了与其他印度妇女完全不同的独特人生道路，为了便于训练，她们甚至换上了男人的衣服，剃掉了女性的秀发，将自己全部的生命力都投入到艰苦卓绝的训练之中。最终，功夫不负有心人，两个女儿成功入围了英联邦运动会的决赛圈。

单从剧情上来看，《摔跤吧！爸爸》其实并不新颖，它展现出的核心主题也很简单，用阿米尔·汗在电影中的台词来说就是："你的胜利不是你一个人的，是属于所有那些不愿意一辈子都面对锅碗瓢盆的女孩子。"很多国内影迷都将这部电影视为女权主义的经典之作。但遗憾的是，国内某些自诩为"女权主义者"的激进人士对于"女权主义"的概念理解得过于肤浅了。实际上，女权主义并不是铁板一块的标签。

从 1791 年法国社会活动家奥兰普·德古热在人类历史上第一次

公开发表《女权宣言》至今，"女权主义"作为一门专业性的学科领域，已经产生出了形形色色的哲学流派，像什么启蒙女权主义、存在女权主义、后殖民女权主义、生态女权主义和酷儿女权主义等等。这些理论思潮虽然都可以称作"女权主义"，但这仅仅是因为它们研究共同的课题：女性的文化、地位、权利。在具体的观点和主张上，它们之间不仅难以达成一致，有些甚至是相互对立、水火难容。

真的要归类的话，《摔跤吧！爸爸》这部电影传递的思想主题最多也只是和上述众多女权主义流派的其中之一——启蒙女权主义沾了点边，因为它呼吁：女人应该和男人一样，在选择职业和受教育机会上拥有平等的权利。当然了，在男尊女卑的文化传统占据主导意识形态地位的印度，能实现这一点已经很不容易了，但单从这部电影来说，如果仅就这一点就给它贴上一个"女权主义"这样笼统而宏大的标签，那就好比国内某档青少年音乐选秀节目一样，请几位在专业声乐领域并无多少造诣的流行歌手来给孩子们做指导，美其名曰音乐大师课。

女权主义哲学流派里，从20世纪90年代以来，最引人注目的就是酷儿女权主义哲学，这一哲学的代表人物也就是巴特勒。朱迪斯·巴特勒是当代美国著名哲学学者、耶鲁大学哲学博士，直到今天，她仍然在加州大学伯克利分校任教。

纵观20世纪的西方哲学史，女性哲学家确实屈指可数，我曾经在一本美国学术刊物上看到一篇文章，这篇文章用法国作家大仲马的历史武侠小说《三剑客》为譬喻，列举出了20世纪哲学界的三位"女剑客"，一位是萨特的终生女友、《第二性》的作者波伏娃，一位是海德格尔的学生、犹太哲学家阿伦特，另一位就是巴特勒。我估计，如果巴特勒看到这本学术杂志，她一定会特别鄙视这篇文章的作者，因为巴特勒本人在她的著作《性别的麻烦》中曾经说过一句听上去惊世骇俗的话：女人并不存在，男人也不存在。

读到这里，可能有读者会大跌眼镜，甚至破口大骂："这个巴特勒的脑袋是不是充话费送的？她怎么能胡说八道呢？"在解释巴特勒这句话之前，先补充一下巴特勒推崇的"酷儿理论"的学术背景：20世纪80年代初，法国后现代主义哲学家福柯在他的经典哲学著作《性经验史》中创立酷儿理论。所谓"酷儿"一词，其实是英文"queer"的音译，意为怪异。在英文俚语里，这个词本来是异性恋者对于同性恋者的蔑称，但有趣的是，身为同性恋者的福柯却在自己的哲学著作里主动以"queer"作为反讽，来宣扬一种"永远年轻、永远热泪盈眶"的自由生活方式。那么这究竟是一种什么样的生活方式呢？

第一，打破"男人－女人"这样一种性别二元对立，主张性别是一种完全可以自由选择的风格。男人可以小鸟依人，女人也可以粗犷豪迈，所以性别的标签没有任何意义，更不应该成为束缚人的枷锁。无论是小鸟依人还是粗犷豪迈，这都只是你与他之间生活美学风格的不同，和道德无关，和社会地位无关。

第二，取消"异性－同性"这样一种性取向的二元对立，性取向和性别一样变得无足轻重。如果你真的爱你男朋友的话，那么就并不是因为他是男人，所以你才爱他，而是因为你爱他，而他碰巧是一个男人。

这就是"酷儿理论"崇尚的生活美学。福柯本人也一直在践行这种生活美学，但遗憾的是，福柯出师未捷身先死，1984 年，长年混迹于洛杉矶同志社区的他死于艾滋病并发症，而他创立的"酷儿理论"作为思想遗产则由身为"蕾丝边"的巴特勒所继承。

正是因为巴特勒受到了福柯"酷儿理论"的滋养，所以也就不难理解为什么她会说"女人和男人都不存在"了。

在著作中，巴特勒一直都在质疑这样一个被我们大多数人都当作"常识"的问题，那就是："我们区别男人和女人的标准是否合理？"通常来说，我们会用两个基本标准来区分男人和女人：一个是社会标准，相信男人和女人的社会性别具有本质的不同；另一个是自然标准，相信男性和女性的生理性别有巨大差异。

第一，先来看社会标准是否合理。巴特勒认为，这种所谓社会性别的分别只是历史意识形态的产物，而不是男人与女人的天性使然。用巴特勒自己的话说，就是"如果你认为自己是一个女人的话，并不是因为你天生就是女人，而是长期以来一直受女性化教育的结果，如果你受到的是男性化教育，你就会把自己当作男人"。这是什么意思呢？我们经常会听到父母教育他们的孩子"你是一个女孩，应该温柔一点，打扮得漂亮一点""你是一个男子汉，应该勇敢一点，坚强一点"。温柔、勇敢、漂亮，这些都是人类追求的美好价值，当然应该从小加以培养。但问题是，它们和性别之间有什么必然关系呢？试想，一个在生活中柔弱得一点儿勇气与坚韧都没有的女人能否在这个残酷的世界上生存呢？一个完全不懂得欣赏鲜花的莽夫又怎么配得上拥有宝剑呢？没有人生下来就应该被一种价值所绑架，教育的目的并不是把幼小的生命塑造成一个"合格的男人"或者"标准的女人"，因为人不是那些统一标价、统一包装的零食。虽然每个人的天资禀赋不同，但那些美好的价值对每个人都应该是开放的，每个人都有权利去追求。教育的意义应该是培养"独立的人格"，拥有独立人格的个体不是"成品"，而是一个能够不断通过自由选择来实现全面发展，创造自我价值的成长过程。

巴特勒认为，并不是因为男人和女人生下来就不一样，所以我们才会接受那些性别区分的教育。恰恰相反，真实的境遇是因为你从小就接受一种"男人要有男人样，女人要有女人味"的性别教育，所以随着年龄的增长，你才拥有了性别意识，你才会给自己贴上一个男人或者女人的性别标签。

这导致的后果就是，当你给自己贴上"男人"这个标签的时候，你不得不用所谓的"社会性别"来约束自己：你要具备所谓的"狼性精神"，拼命赚钱，买房买车；你也要经常去健身房，努力练出"八块腹肌"；你还要和女友约会的时候主动付账。如果你不这么做的话，那么你认识的人，包括你自己都会认为自己是一个失败的男人。为什么会这样呢？就像巴特勒说的那样，正是因为你从小到大一直都被"性别二元论"洗脑，长此以往，你也就不敢再做出任何"没有男人样"的事情。

同样的道理，如果你认为自己是一个女人，也是因为从小到大，在家长、学校、媒体的狂轰滥炸之中，你一直被灌输这样的信息：因为你是女孩，所以你必须要温柔，要漂亮，要学会操持家务；长大以后，你必须经常忍饥挨饿，只是为了时刻保持"S"形的标准身材；对待男人，你还必须学会如何像钓鱼一样让他慢慢上钩；等等。显然，这些条条框框并不是人类天性使然，而是社会意识形态的束缚。一旦你认定了自己是一个女人，为了向社会证明自己的价值，你就不得不用各种方式"物化"自己，让自己成为所谓的"性感尤物"，成为男人垂涎欲滴的猎物，越是这样，你越觉得自己成功；如果没有男人对你的身体感兴趣，没有男人讨好自己，就算别人不说什么，你也会觉得自己不算真正的女人，而只是一个"女汉子"。因此，巴特勒提出，在这种"性别二元论"意识形态中，女人和男人都是受害者。要想摆脱这样一种"男人要有男人样，女人要有女人味"的牢笼，就必须打破性别二元论的教育方式，让人们明白一个道理：你生下来只是一个人，而不是什么男人或者女人。

我相信会有读者向巴特勒提出这样的质疑："男人和女人就算没有天生的社会性别差异，但生理性别差异是客观事实，你总不能不承认吧？"

巴特勒当然不会否认生理性别差异，但她非常深刻地反问道："为什么生理差别能成为给女人和男人进行分类的理由？"在巴特勒看来，虽然男人和女人确实有很多生理差别，比如在生殖系统上，男人拥有阴茎，而女人拥有阴道，但问题是，为什么这些生理差别能够成为把你命名为"男人"或者"女人"的原因呢？我是一个男人，我长得和女人不一样，但凭什么仅仅因为我有阴茎，就把其他所有和我一样拥有阴茎的人都归为一类，统一命名为"男人"呢？

进一步说，我作为一个32岁的矮瘦中国男人，我和一个和我同等身材、同样种族、同一年龄的中国女人之间生理上的差异一定大于我和一个82岁胖高非洲男人的差异吗？事实上，在这个世界上，我和任何一个男人都有生理差异之处，我和任何一个女人也都有生理相似之处。因此，巴特勒认为，生理差别虽然存在，但这根本不能成为对人类进行"非男即女"这种二元式分类的理由。否则，如果通过生理差别就可以命名的话，那么是不是每一种身体残疾都可以命名为一种独立的生理性别呢？那样的话，这世界上会出现多少种性别呢？

你可能会说：男人和女人的生理差别不是表面的，而是基因层面的。科学证明，男人和女人至少有6500个基因表达活性明显具有差异，这是本质的不同。但巴特勒认为，虽然有这种差异，但它仍然不能成为你给男人和女人进行分门别类的理由。因为基因学本身是现代科学的产物，但男人与女人之间的分类古已有之，所以当我们给一个人贴上"男人"或者"女人"的标签时，并不是因为我们了解这个人的基因图谱才进行这样的划分。恰恰相反，是因为我们已经给人类进行了"非男即女"这样一种分类，所以为了给我们自己这种"性别二元论"的常识进行某种科学化的辩护，科学家才会去积极地寻找一种所谓"客观"的标准来证明男人和女人的天生不同。所以，在巴特勒看来，"生理性别差异"本身并不真的存在,它只是"性别二元论"意识形态的一部分而已,人与人之间的生理差异无处不在,所以,我们没有理由把某些生理差异单独拿出来,当作把人类分为男女两种性别的理由。

正是经过对于"社会性别差异"和"生理性别差异"这两种所谓"常识"的批判,巴特勒才得出这样的结论:所有的"社会性别差异"和"生理性别差异"都不是客观存在的事实,而只是"性别二元论"的意识形态。既然我们根本找不到将人类性别分为"男人"和"女人"的客观依据,所以这种性别分类是没有意义的。因此,女人不存在,男人也不存在。

读到这里,你应该明白了巴特勒"酷儿女权主义"的思想内涵。我希望你也懂得,在生活中,永远不要用"男人"或者"女人"这样的标签来束缚自己和别人,因为这除了会让你们失去自由以外,毫无意义。

马克思：

梦想 40 岁退休？因为你的劳动已经异化了

常识：没有人喜欢上班，所以我最大的梦想就是多赚点钱，将来提前退休。

卡尔·马克思（Karl Heinrich Marx）：劳动是人的本质，你讨厌上班是因为你的劳动被资本异化了。但如果有一天你真的不再从事任何工作的话，你会感到前所未有的痛苦与无聊。

我有一个高中时代的同学,他在一家影视娱乐公司做摄影师,具体的工作是为那些影视圈的大咖拍写真和广告宣传照。对于像我这种不明真相的群众来说,他的职业太招人羡慕忌妒恨了,因为不仅收入不菲,而且每天都能见到明星。然而半年前,他却选择了主动辞职,我问他为什么,他向我大吐苦水:"我实在受不了了。我在这行干了8年,每天我见到的艺人,无论男女,他们都摆着同样装模作样的 Pose(姿势),说着同样虚伪的话,拍出来的照片也千篇一律。我每天都得像狗一样对这些艺人低头哈腰的,左一声'老师'右一声'老师'地称呼这帮文盲。拍照之前,什么瓜果梨桃都得给他们准备好,人家倒好,随便找个理由就躲在房车里不出来了,你自己站在外面一等就是好几个小时。我再也不想伺候这帮孙子了!"

　　就这样,我这位高中同学选择暂别娱乐圈,用了半年多的时间在家里休息。可就在前几天,他又给我打电话,跟我说他要重出江湖了!我问他为什么,他再一次向我表达他的难言之隐:"我实在受不了了!每天在家待着,刚辞职那几天还挺幸福,可是一个月以后我就开始觉得百无聊赖,看朋友圈里其他以前的同事都在忙活,就我一个人无所事事,特别没意思。相对来说,我还是觉得忙忙碌碌的生活更开心一点!"

可能有的读者会认为我这位高中同学太作，但实际上，他与工作之间那种"相爱相杀"的纠结感受在今天的社会很具有普遍性。国内一家知名经济学智库就曾经在 2016 年针对一线城市的白领阶层做过一个问卷调查，调查结果是这样的：有 74.5% 的受访者对于自己的日常工作感到非常无聊，而另一方面，只有 16.8% 的已婚白领人士愿意在经济条件允许的前提下做全职太太或者全职老公。这就表明，虽然大多数白领人士不喜欢自己的工作，但他们却不想离开工作岗位，成为传说中的"社会闲散人员"，哪怕是衣食无忧，他们也不愿意。

乍一看，这个结论似乎显得自相矛盾。因为站在常识的角度上，人们工作就是为了赚钱，如果赋闲在家，仍然可以衣来伸手饭来张口的话，人们为什么愿意去做那些自己不喜欢的工作呢？对于这个问题，现代西方哲学和社会学都做过大量的研究，一个最基本的学术共识是：劳动是人类本质性的存在方式，它不仅能满足人类的物质需要，而且还能满足人类对于实现自我价值的需要。这也就意味着，人类的劳动绝不仅仅是谋生手段那么简单，它更是我们活在这个世界上至关重要的生命意义之一。

既然如此，那么为什么在现实生活中，各行各业，都有那么多人会厌恶自己的工作呢？对此，在 1999 年 BBC 组织的"千年思想家"国际网络评选中荣登榜首的伟大哲学家卡尔·马克思得出了自己的结论：在资本逻辑横行无阻的全球化时代里，原本作为人类本质的劳动必然会遭到严重的异化。

马克思写于 1845 年的《关于费尔巴哈的提纲》中有这样一句话："哲学家只是用不同的方式解释世界，而问题在于改变世界。"这句话用来形容马克思本人的历史影响力再合适不过了。在西方哲学史上，绝大多数的哲学家都只是用不同的学术理论来解释世界，而马克思却用他的哲学实践改变了今天的人类世界，如果没有马克思主义的指引，很难想象人类能够理性地扬弃资本主义社会的压迫，去积极探索一种全新的制度正义的可能性，这就是直到今天也从未熄灭的共产主义革命之火。

在现实社会中，有些年轻人对于马克思主义哲学抱有严重的偏见，当然，任何哲学思想都欢迎理性的批判，但问题是，如果你从未读过马克思的哪怕是一本哲学著作，就对其大放厥词的话，那么这就不叫"批判"，而只是一种毫无意义的谩骂，一种鹦鹉学舌式的人云亦云。

为了澄清人们对于马克思哲学的种种误解，并以真正的马克思哲学来分析现实社会的文化现象，我从 17 岁到 29 岁，用了 12 年的时间进行了大量理论研究，专门创作了《真思想——马克思哲学的超越之维》一书。

还有人在网上说当代西方哲学界对马克思评价很低，果真如此吗？为了以正视听，我列举几个当代西方著名哲学家对马克思的评价。

存在主义哲学大师萨特在其代表作《辩证理性批判》中指出："马克思主义仍然是我们时代的哲学，它是不可超越的，因为产生它的历史背景还没有被超越。"

同样来自法国的后现代主义哲学家德里达在他的著作《马克思的幽灵》中则这样警告世人："不能没有马克思，没有马克思，没有马克思的记忆，没有马克思的遗产，也就没有将来。"

而美国著名文化哲学学者詹姆逊表达得更加直接，他在《晚期资本主义的文化逻辑》中说："在我看来，最令人发笑的表述就是同时声称资本主义取得胜利和马克思主义已经终结。"

当代英国的政治哲学家伊格尔顿，专门写了一本书给西方反马人士，书名是《马克思为什么是对的》……

对于这些在学术界享誉世界的哲学大咖来说，能够不约而同地对马克思主义哲学做出如此之高的评价，显然绝非偶然，足以说明马克思在当代西方哲学界的地位。

言归正传，马克思在他的《1844年经济学哲学手稿》《德意志意识形态》《资本论》等著作中，对资本逻辑造成的劳动异化进行了深刻揭露。马克思认为，在传统农业社会中，由于生产力水平低下，社会等级森严，人类社会的主流经济形态处于自然经济和简单商品经济阶段，人们的劳动生产不是为了交换价值，而是为了使用价值。

一个木匠，他制造桌椅板凳就是为了用卖掉的钱购买基本生活用品，因为市场是固定不变的，既不能扩大也不会缩小。在劳动过程中，他不需要也不可能扩大再生产，所以他也就没必要依照某种标准化的生产流程来进行劳动。因此，对他来说，他总能够在劳动中或多或少地表达出自己真实的个性。这种个性，就是个人的情感、审美、伦理、道德、认知等价值尺度，用流行的概念来说，这就是匠人精神。

在传统社会中，农民对于土地的感情绝非像对待生产资料那么简单，对于那个时代的农民来说，土地凝结着他们全部的生活意义和社会身份，"面朝黄土背朝天"已经成为了他们世世代代认定的一种道德责任，如果种不好地，他们就会感到自己对不起"农民"这个社会身份。因此，这种道德感的尺度体现出的正是自然经济和简单商品经济形态中人类劳动的个性。

然而，随着工业社会乃至后工业社会的到来，资本逻辑占据了全球化经济形态的核心。在今天这个时代，资本操控下的劳动不再是为了使用价值，而是为了实现交换价值永无止境的繁殖，换句话说，是为赚取更多的金钱来扩大再生产。因此，为了提高生产效率，各行各业的企业都会使用一种标准化操作流程来严格限定员工的劳动过程。类似肯德基、麦当劳这些快餐品牌，除了少数与本土特色美食"杂交"的小吃以外，全世界的汉堡包和炸鸡几乎都是按照同一种标准化操作流程所生产出来的，所以味道也差不多。这种标准化操作流程导致了一种严重后果，那就是劳动者无法在劳动过程中释放自己真实的个性，个人的情感、伦理、审美、认知，甚至道德价值尺度都被标准化操作流程压抑。马克思将这种员工个性被压抑的本质称为"异化劳动"。

那么，"异化劳动"有哪些具体表现呢？观察一下现实社会，我们就会发现异化劳动的现象在今天这个世界无处不在：在手机制造商的工厂里，工人们在车间流水线上每天不得不机械地重复着按同一个按钮，直到手指关节炎发作；程序员们不得不每天12小时地坐在电脑屏幕前构思着代码，直到引发严重的颈椎病；产品销售经理和市场公关为了签下销售合同，不得不在餐桌上灌下一杯又一杯啤酒，直到自己的肝脏被厚重的脂肪包裹得严严实实；广告公司的文案宣传专员为了提高广告点击率，不得不丢弃自己的文学品味，用媚俗的语言堆砌成一篇篇紧跟热点的"标题党"，直到看得自己都觉得恶心；那些被冠以"男神""女神"的明星们，虽然在我那位做摄影师的高中同学面前趾高气扬，但他们自己也是异化劳动的受害者，因为他们整天都像机器人一样说着早已被公司设定好的语言，展现出千人一面的"人工微笑"，还得牺牲自己的睡眠时间，去全国各地做宣传通告，直到艺人经纪公司找到更加年轻貌美的"小鲜肉"将自己一脚踢开。

7 年以前，我作为哲学系研究生从大学毕业后，找到了一份在大型房地产公司做置业顾问的职业。所谓"置业顾问"，其实就是房地产销售。因为我这个人比较话痨，我当时选择这个职业是为了满足自己说话的欲望。但入职以后，我才发现自己很傻很天真。在这个领域，与其说是销售员在讲话，不如说是他被话讲。因为每个置业顾问只要一入职，就要经过公司专业的话术培训。什么是"话术"？顾名思义，就是说话的技术。你和客户说的每一句话都不是来自你当时的想法与情绪，而是完全被标准化的话术所操控。

换句话说，人就像一台电脑，客户和你说任何一句话，哪怕是和你闲聊，都相当于给你输入了一个代码指令，你必须得按照培训中灌输给你的那种话术来机械地输出你的回复。通过这种标准化的话术培训，才可以将售房者驯化为一台台冷漠的卖房机器。

更可笑的是，这种所谓的"话术"不仅压抑了你的真实个性，而且还给你洗脑，混淆你的价值观，让你为了提高销售业绩，能够脸不红心不跳地说一些明显自相矛盾、指鹿为马的话。

举个例子，"出房率"指的是住宅的净使用面积占销售面积的百分比。如果客户向我抱怨"出房率"太低，按照话术，我应该说："出房率低可是好事，因为公共空间宽敞，假如出房率太高的话，那意味着这里的走廊通道特别狭窄，花那么多钱买房还住得那么压抑，您图什么呢？"

如果客户觉得"出房率"太高，按照话术，我又得出尔反尔地说："出房率高可是好事，因为花同样的钱可以买更多的私人使用面积，假如出房率太低的话，那意味着您花了那么多钱买的房子却让别人踩来踩去，您图什么呢？"

你看，对于这样一个问题，无论是出房率高还是低，也不管我是否认同自己这样说，话术都要求我用诡辩的方式打消客户本身合情合理的顾虑。翻来覆去，怎么说都对，这就是标准化的操作流程，这就是资本逻辑导致的异化劳动。

读到这里，我想你就明白了，为什么我说我那位摄影师同学的职业经历具有普遍性了。他厌恶自己的工作是因为他的劳动已经被资本逻辑所异化，而他后来又蠢蠢欲动地想回到工作岗位，却是因为人类的劳动本质承载了他的生活意义。那么，你呢？如果你还梦想着40岁退休，这只能说明：你现在的职业已经处于"异化劳动"的状态了。

尼采：
你飞得越高，地上的人看你越渺小

常识：只有让别人仰视我，我才算取得了成功。

弗里德里希·威廉·尼采（Friedrich Wilhelm Neitzsche）：只要你工作是为了让别人仰视你，你就永远只是别人目光的奴隶。

一

你不会再干渴得长久了，

烧焦了的心！

约言在大气之中飘荡，

从那些不相识的众人口中向我吹来，

强烈的凉气来了……

我的太阳在中午炎热地照在我头上。

我欢迎你们，你们来了，

突然吹来的风，

你们，午后的凉爽的精灵！

风吹得异样而纯洁。

黑夜不是用斜看的，

诱惑者的眼光，

在瞟着我吗？

保持坚强，我的勇敢的心！

不要问，为什么？

二

我的浮生的一日！

太阳沉落了。

平坦的波面

已经闪耀着金光。

岩石发散着热气：

也许是在午时

幸福躺在它上面午睡？

在绿光之中

褐色的深渊还托出幸福的影子。

我的浮生的一日！

近黄昏了！

你的眼睛已经失去

一半的光辉，

已经涌出像露珠一样的眼泪，

白茫茫的海上已经悄悄地流过，

你的爱情的红光，

你的最后的动摇的永福。

三

金色的欢畅啊，来吧！

你是死亡的

最秘密、最甘美的预尝的滋味！

——我走路难道走得太快？

现在，我的脚疲倦了，

你的眼光才赶上我，

你的幸福才赶上我。

四周围只有波浪和戏弄。

以往的苦难，

沉入蓝色的遗忘之中——

我的小船现在悠然自得。

风暴和航海——怎么都忘了！

愿望和希望沉没了，

灵魂和大海平静地躺着。

七重的孤独！

我从未感到，

甘美的平安比现在更靠近我，

太阳的眼光比现在更温暖。

——我的山顶上的冰不是还发红光吗？

银光闪闪，轻盈，像一条鱼，

现在我的小船在水上漂去……

　　这首诗是德国哲学家尼采在 17 岁时创作的《太阳沉落了》，说
到尼采，他可是地球上知名度最高的哲学家。你可能会说："尼采太
高大上了，我读不懂啊。"我告诉你，我保证你肯定读过尼采的文字，
只不过你自己不知道而已。不信？

　　"每一个不曾起舞的日子，都是对生命的辜负。"这句话听过没
有？"那些没有消灭你的东西，会让你更强壮。"这句你总听说过吧。
"重要的事情说三遍，重要的事情说三遍，重要的事情说三遍。"这
句话你百分之百听过。

　　最早说这些话的不是别人，就是 19 世纪欧洲的大哲学家尼采。
在《善恶的彼岸》这本著作里，尼采说："要再说三遍，它们是权宜
之计，权宜之计，权宜之计。"你看，那么多被现代人当作签名的流
行语其实都是尼采说的，可惜尼采生不逢时，要是搁到现在，他绝对
是一个网红级别的段子手。

　　1844 年，尼采出生于普鲁士的一个乡村牧师家庭，估计他从生下
来就懂得"沉默是金"的道理，所以一直到 2 岁半，尼采才开口说出
第一句人类的语言。

　　1849 年，尼采的弟弟和父亲相继去世，从此以后，尼采就和他母亲、
妹妹一起生活了。尼采从小不仅饱读诗书，而且还特立独行。上小学
的时候，有一次，镇子上大雨瓢泼，别的孩子放了学就一窝蜂地乱跑，

只有尼采闲庭信步地在路上溜达。他的妹妹看到他，很着急地对他喊："奔跑吧，兄弟！"小尼采这样回答："跑得再快，还是会淋湿，我还不如在这儿看别人洗澡呢，还是凉水澡。"

1864 年，尼采来到波恩大学攻读神学和哲学，后来又转学到莱比锡大学。在这期间，他遇到了他生命中最重要的两个男人，一个是叔本华，一个是瓦格纳。

叔本华有一本代表作《作为意志和表象的世界》，这本书据说当时欧洲只有两个人能读懂，一个是尼采，另一个就是叔本华。尼采在上大学期间，读到了这本书，一下子路转粉了，不管见到谁都说："我们家叔本华的思想最迷人了。"尼采对叔本华崇拜到什么程度呢？

1867 年，尼采到骑兵部队服兵役。他每次上马之前，都会轻轻地拍着马背，大声祈祷："我有叔本华，摔倒也不怕。"问题在于，怕不怕和摔不摔似乎没什么关系，尼采还是从马上摔了下来，又回到了莱比锡大学。

尼采青年时代的另一个偶像是瓦格纳。他是一位伟大的德国浪漫主义作曲家。直到今天，很多新人举行婚礼时播放的《婚礼进行曲》，就是来自瓦格纳创作的歌剧《罗恩格林》。

1868 年，尼采见到了瓦格纳，两个人一见倾心，情投意合，"在天愿作比翼鸟，在地愿为连理枝"，成为了无话不谈的好哥们儿。1872 年，尼采的第一本哲学著作《悲剧的诞生》就是他送给瓦格纳的礼物，看到这本书以后，瓦格纳给尼采写信说："今天我对我老婆说：尼采在我心中的地位仅次于你。不知道为什么，她好像不太高兴。"

1870 年，尼采成为了巴塞尔大学的文学教授。也正是在这一年，普法战争爆发，尼采主动要求上战场，但由于体弱多病，他只成为了一名医护兵。

1879 年，尼采因为长期受到肺结核的困扰，不得不在 35 岁的时候就选择提前退休。从此以后，他开始了长达十年的旅行背包客和自由作家生涯，同时也进入了他哲学创作的高产期，在十年间，《朝霞》《快乐的科学》《查拉图斯特拉如是说》等著作相继问世。尼采哲学中的很多重要概念，如"酒神精神""日神精神""权力意志""超人"等也都是在这个时期提出的。

尼采有两本很有意思的著作。一本叫《善恶的彼岸》，现在网络上很多不明觉厉的签名都是来自这本随笔集。还有一本是尼采的自传，名字叫《看哪这人》，这可能是这个地球上最自恋的一本书。为什么这么说呢？因为书里的目录标题是这样的："我为什么这样智慧""我为什么这样聪明""我为什么写出了这样的好书"。

尼采一辈子没结婚，唯一的朋友瓦格纳后来也和他绝交了。尼采其实也爱过，虽然只是单恋。他爱的这个女人叫莎乐美。莎乐美是俄罗斯一个将军的女儿，天生丽质，狂野性感，叛逆不羁。她长期在欧洲各国的文艺沙龙上和各大才子玩暧昧。她撩汉的对象有文学家、哲学家，甚至还有弗洛伊德这样的心理学家，这其中也包括尼采。

尼采是在罗马旅行的时候认识莎乐美的。据说，他对莎乐美说的第一句话就是："我们是从哪个星球上一起落到这里的？"瞧瞧，尼采的撩妹套路多么富有诗意！这是尼采这辈子第一次，也是唯一一次爱上一个女人。然而，落花有意流水无情，莎乐美一直只是和尼采保持一种若即若离的暧昧关系，并不想和他真的发生什么。尼采才华横溢，但对于心爱的女人，他其实挺敏感的，他甚至不敢亲自向莎乐美求婚，而是让另一位作家保尔替他求婚。这事儿听着就很荒诞，求婚哪有替的？结果可想而知，莎乐美拒绝了尼采。在分别之前，三个人拍了一张合影。这张照片唯一的亮点是：莎乐美手里拿着一条鞭子。尼采曾经说过这样一句话："到女人那里去之前，先带上你的鞭子。"这句话后来以讹传讹，人们把尼采当作一个虐待狂，但实际上，尼采真实的意思是"带上你的鞭子，因为女人需要用它"。作为男人，细思极恐。

1889 年，尼采在都灵的大街上见到一个马夫正在打自己的马，尼采奋不顾身地冲过去，抱住了马，然后就昏了过去。等他醒来以后，人们发现尼采已经神志不清了，于是把他送到了精神病院。在生活的最后岁月里，尼采一直被妹妹照顾着饮食起居，匈牙利导演贝拉·塔尔拍过一部电影叫《都灵之马》，讲的就是尼采发疯以后的岁月。

1900 年，尼采去世。当代的科学家已经证明，尼采直接的死因是梅毒。这是当时欧洲最流行的疾病之一。

尼采后半辈子几乎没什么朋友，就连瓦格纳也和他绝交了，所以尼采是一个很孤独的人，但这种孤独丝毫没有动摇尼采对于自己哲学事业的坚定信念。他在《查拉图斯特拉如是说》这本著作中，把一个凡人走向超人的精神发展过程分为三个阶段：骆驼阶段、狮子阶段和赤子阶段。

"骆驼阶段"是最低级的人生阶段，在这个阶段里，一个人自卑地接受了自己在社会中的弱势地位，自轻自贱，自己都瞧不起自己。在我们的现实社会中，这样的人并不少见，特别是处于社会底层的体力劳动者，还有那些刚刚走出校园就在求职过程中屡屡受挫的大学毕业生，他们更容易在残酷的市场竞争中妄自菲薄，对于自己的人生价值感到一文不值，甚至失去为梦想奋斗的勇气与激情。

比"骆驼阶段"要高级的人生阶段叫"狮子阶段"。在这个阶段里，一个人不甘心被贴上"loser"（失败者）的标签，于是励精图治，发愤图强，力争上游，占有一切可以占有的社会资源。目标只有一个：向整个社会证明自己是强者，是成功人士，是人生赢家。也就是说，对于处在狮子阶段的人来说，穿戴阿玛尼，出门开宾利，身边有美妻，住酒店 VIP（贵宾），这些都只是手段，最终的目的是获得别人的尊重和羡慕。如果你经常关注各种微信公众号的话，就会发现，励志故事里的那些商业精英，他们的心路历程都可以理解为尼采所说的狮子阶段。对于处在狮子阶段的人来说，实现人生的逆袭，让每个人仰视自己，这就是他们奋斗的最终目标，也是他们生活的唯一动力。

然而，在尼采看来，尽管"狮子阶段"的人比"骆驼阶段"的人内心要强大不少，但人生格局还是太小，还是活得不自由。因为只要你奋斗的目的仅仅是向社会证明自己的话，那么你就永远活在别人的目光里，你就不是自己生命的主人。尼采的思想特别有预见性，在今天这个资本全球化的信息时代，我们看到了太多被困在"狮子阶段"中的人。他们在大都市打拼多年，只是为了让别人看得起自己，为了虚荣，为了面子，为了有朝一日赢得别人的仰望，而这恰恰是他们人生的可悲之处：无论挣多少钱，他们永远都在用别人的眼光来丈量自己的价值，一旦没有了别人的赞誉，他们就不知道自己是谁，不知道自己活着为了什么，他们已经失去了自己选择生活方式的自主能力，失去了判断自我价值的独立人格，这样的人生难道不可悲吗？从这个层面上来说，"狮子阶段"和"骆驼阶段"在本质上是一样的，因为他们对于自我价值的认知都完全是基于社会大众的"镜像"，唯一的不同之处仅仅在于，"骆驼阶段"直接把"镜像"中那个丑陋的脸当成了自己，而"狮子阶段"则想方设法给镜子化妆，让自己在镜子中显得很漂亮。但，他们都忽视了真实的自己。

尼采最推崇的是人生的"赤子阶段"，这是生命的起舞，是灵魂的放飞，是自由的存在。"赤子阶段"彻底超越了"狮子阶段"和"骆驼阶段"。怎么理解"赤子阶段"呢？说得简单一点，只要一个人不再处心积虑地向社会证明什么，而是踏踏实实地做着自己认为有意义的事业，那么他就不在乎别人的评价了，因为他清楚自己真正需要什么，知道自己正在追求什么，懂得自己的人生意义是什么。这样一来，他不稀罕成为别人眼中的成功者，也不介意成为别人口中的失败者；他坚信自己的才华、个性、事业都有着不可替代的价值，虽然这种价值在别人看来可能分文不值。因为他很清楚，很多时候，你飞得越高，在那些地上的人眼中，你反而越渺小。在我们的社会中，有很多平凡的人一心一意地专注着平凡的工作，但他们的生命境界都达到了"赤子阶段"。在他们之中，有人横眉冷对千夫指，有人俯首甘为孺子牛，有人一心为公，有人默默奉献，尼采将这样的人称为超人。

国内有一位叫车洪才的普什图语学者，在 1978 年，商务印书馆受政府委托，组织专业人员编写普什图语词典，当时，全国掌握这门语言的人才一共也没有几个，车洪才就是学普什图语专业的。商务印书馆将这项编纂词典的任务交给了他，自此之后的 36 年里，车洪才默默地进行着编纂工作。我们知道，编纂小语种词典所面临的实际困难要比创作学术著作大得多。

原因有两点：第一，学术著作能够作为重要科研成果，为学者带来职称、声誉与经费，而小语种的词典作为工具书，不能算科研成果，所以编写者几乎得不到任何功利性的价值。第二，词典的内容可谓是包罗万象、纷繁复杂，没有极为严谨的治学精神，是无法完成这项工作的。而车洪才却在这种"三无"（无经费、无助手、无声誉）的境况中默默进行了长达 36 年的编纂工作！就连委托这项任务给他的商务印书馆都忘记了这件事的存在，但车洪才却仍然在孤独地耕耘，履行着他当初所接受的使命。

直到 2014 年，原来那个意气风发的小伙子已经变成了一个满头白发的古稀老人，车洪才终于完成了这本 200 万字的《普汉词典》的编纂，交给了商务印书馆。面对采访，车洪才只是淡然地说了一句："就算别人忘了，但是我没忘记自己的使命。"这种人生境界就是尼采所说的"赤子阶段"，因为在车洪才看来，别人是否忘记了他，是否看轻他编纂词典的工作，这完全不重要，唯一重要的就是：编纂词典是我必须完成的使命，哪怕耗尽我的全部人生，也在所不惜。在漫长的36年间，他是一个真正的"超人"，他以惊人的毅力彰显着属于自己的生命价值，活出了"举世赞之而不加勉，举世非之而不加沮"的灵魂高度。

在生活中，就算我们自己无法达到像车洪才这样的"赤子阶段"，但至少，我们应该尊重那些平凡的超人，因为你尊重的不只是他们，也是自己那一颗"赤子之心"。

康德：
自由就是守护内心的法则

常识：自由就是我想做什么就做什么。

伊曼努尔·康德（Immanuel Kant）：如果你说的"想"只是欲望，而非意志的话，那么你毫无自由可言。因为外部环境引发了你的欲望，从而导致了你的行为。在这个过程中，你的意志完全不发生作用，所以你无法控制自己的行为。既然你都不能控制自己的行为，又怎么能说自己是自由的呢？

这几年流行一个热词——不忘初心。虽然"不忘初心"这个概念来源于佛教经典《华严经》，但对于其深刻含义的阐释却不局限于东方哲学，德国古典哲学家康德就认为，这种对内心法则的坚定守护正是人类文明最宝贵的价值：自由。

说到康德，迄今为止，世界上没有一位导演能拍出一部以他作为主人公的传记电影，因为从电影叙事学的角度来看，康德的人生几乎就像一张白纸，什么恩怨情仇、冤家对头、风花雪月、百舸争流，这些电影里的戏剧性因素在康德的人生画卷中从未占得一席之地。后世学者甚至这样总结康德的一辈子：他出生，他思考，他死亡。是的，康德是一个没有故事，没有冲突，没有旅行，没有爱情的人，他的生活方式本身就是理性主义幸福哲学最好的教科书。

1724 年，康德生于东普鲁士哥尼斯堡一个非常虔诚的基督教路德宗小商人家庭，哥尼斯堡在哪儿？这个城市就是现在俄罗斯境内的加里宁格勒。1755 年，康德获得了哥尼斯堡大学的神学硕士学位，从1755 年到 1770 年，康德一直在哥尼斯堡担任编外讲师的职务，什么是"编外讲师"？说得通俗一点，编外讲师相当于现在的知识型网红，哥尼斯堡大学就像直播 App（软件），App 从来不发工资，它只是提供平台，与网红分账，所以康德每次上课都是在做"直播"，谁都可以来听，康德的收入完全靠学生"打赏"。想象一下，能够做15年网红，可见康德讲的课多么受人欢迎。康德当年的课表上有逻辑学、地理学、宇宙学、数学、物理学和人类学，不光是这些，竟然还有教你怎么打仗的军事战术学、教你怎么养花的园艺学，这么说吧，除了烹饪、美容、挖掘机这些高精尖课程以外，康德把18世纪欧洲的主要学术课程都讲了一遍，所以康德不仅是一位哲学家，也是一位伟大的博物学家。

用"坐地日行八万里，巡天遥看一千河"来形容康德的生活再合适不过。康德由于体弱多病，天生胸腔狭小，又矮又瘦，一辈子几乎没有离开过哥尼斯堡这座小城，对他来说，博览群书是唯一一种"愉快的玩耍"。为了配合读书，康德的生活作息相当规律。他每天早上5点起床，7点到9点在学校讲课，晚上22点睡觉。

为了锻炼身体，康德每天下午3点都要沿着小镇的林荫路散步一小时，康德散步极为准时，整个小城所有的居民都以康德散步的时间来对表。只有一次例外，康德因为阅读法国哲学家卢梭的教育学著作《爱弥儿》而忘记了散步，哥尼斯堡居民的内心就崩溃了，他们以为小镇所有的表都坏掉了。

除了以上活动，康德的一生都是在阅读和思考中度过的。康德对于爱情完全不感兴趣，他甚至还对婚姻做出过一个令人脑洞大开的定义：婚姻就是一个男人和一个女人所缔结的法律契约，目的是为了共同开发双方的生殖器。据说，曾经有一位出身于贵族家庭的白富美是康德的粉丝，她每次去剧院看话剧都会买两张票，如果别人问她身旁的座位是否有人的时候，她就会回答："这是我留给康德的座位。"然而，当这样一份真挚的表白传到康德的耳朵里之后，得到的回应却是："我很想和她一起看话剧，但是剧院离我家实在太远了，走路最少得5分钟。"后来，这位白富美终生未嫁。

1770年，康德终于结束了长达15年的学术网红生涯，成为哥尼斯堡大学正式聘任的哲学教授。从此以后，康德逐渐爬上了他的思想巅峰，先后完成了他最具代表性的三部哲学著作：《纯粹理性批判》《实践理性批判》《判断力批判》。这三部论著分别从认识论、伦理学和美学角度诠释了人生最重要的三个问题——"我能知道什么""我能做什么"和"我能希望什么"，而在《实践理性批判》这本著作中，康德以具有高度思辨性的论证过程来展示他对于"自由"的独特理解。

今天，我们生活在一个"言必称自由"的时代，那么究竟什么是自由？理性主义哲学认为，"自由"就是把这两个字调过来——"由自"：你的行动由你自己的意志来决定。显然，康德在这里强调的"自由"并不是人们所说的为所欲为，并不是你想干什么就干什么。人性包括两部分：欲望和意志。这两者的作用是截然不同的。人们常说"人性是趋利避害的"，可实际上，这句话的主语错了，应该改成"欲望是趋利避害的"。因为欲望是感性的，它会被各种目标所吸引，金钱美色、锦衣玉食、权力地位、荣誉声望等都是欲望的目标。当然，这些目标激发的欲望在生活中也非常重要，因为这些欲望是生命的动力，如果完全没有了欲望，人们很容易沦为吃饱了就睡的懒羊羊，不会去努力追求自己的幸福，科学技术和文化艺术的进步也就难以实现。

但问题是，满足这些欲望并不意味着你就获得了自由，因为趋利避害是生物本能，它并不是你自主选择的结果，"欲望不是你想选，想选就能选"。而人性不光包含欲望，还包含意志。意志是人的自我抉择，它才是自由的载体，所以西方哲学史上有个概念叫"自由意志"，而不是叫"自由欲望"。因为意志是理性的，它的特征不是趋利避害，而是明辨是非。那么意志有目标吗？当然有！但是意志的目标不是外在的事物，而是它自己确立的理性法则。

意志之所以是意志，就是因为它能够抵御欲望目标的诱惑，摆脱外在事物的支配，意志能够坚守自己明辨是非的理性法则，捍卫自己的道德底线，意志自己来决定自己的行动，这种不忘初心的精神意志才是自由的本质！

张涵予在电影《集结号》中扮演的谷子地就是一个以生命践行"不忘初心"的人。为了掩护大部队转移，谷子地和九连一直在坚守阵地，因为始终没有听见集结号，谷子地一直没有下达撤退命令，而是和他的战友奋战到最后一兵一卒。他们有没有求生欲望？当然有！每个人都想好好活下去，但是他们的意志更清楚自己所承担的责任，也就是说，这种"但使龙城飞将在，不教胡马度阴山"的革命精神就是他们的理性法则，这种视死如归的英雄气概正是康德所说的"自由意志"。

在电影中，谷子地和九连摆脱了求生欲望的巨大诱惑，他们用自由意志战胜了对于死亡的恐惧，用英勇牺牲来证明自己从未放弃"初心"。所以说，他们是真正拥有自由的人！

正是因为欲望与意志的作用如此不同，所以康德把人的行为分为他律行为和自律行为。他律行为是为了满足欲望而进行的活动。在这个过程中，你的欲望是原因，你的行动是结果，原因引发了结果，尽管你的意志可能已经做出了是非判断，但它却并没有对你的行动发挥任何作用。在现实生活中，这样的他律行为其实很常见，但是如果你做每件事情都是他律行为，都没有调动起你的意志对你自己行动的控制力的话，你就成了欲望的奴隶，你的人生就没有丝毫自由可言。譬如，有一个已经结婚的高富帅，但他被另一个年轻漂亮的女孩所吸引，最后出轨了。出轨就是一种他律的行为，在这个过程中，那个年轻漂亮的女孩是男人欲望的目标，欲望的目标引发了男人出轨的行为。虽然这个男人的意志很清楚出轨是不道德的，但他的意志却完全无法控制自己的行为，所以这种见异思迁的男人是很可悲的，因为他在生物本能的欲望面前丢盔弃甲，失去了自己作为"人"的自由。

同样的道理，那些"昨天擅长治愈心脏，今天专业清理肥肠，明天祖传疏通膀胱"的保健品广告老戏骨，那些"昨天往牛奶里兑洁厕灵，今天往牛奶里兑洗涤精，明天往洗涤精里兑洁厕灵"的不法商人，还有那些"昨天戴官帽，今天戴名表，明天戴手铐"的腐败分子……他们唯利是图的违法行为也都是他律行为，因为他们的意志能够清晰地判定物欲正在吞噬生命的道德底线，可这种薄弱不堪的意志却眼睁睁地看着金钱肆无忌惮地摆布自己的行为，而自己的意志却毫无作为。于是，他们沦为金钱欲望的奴隶，丢弃了自己的自由。

与"他律行为"恰恰相反，自律行为不是为了满足欲望而进行的活动，而是"不忘初心"的意志为了坚守自己的理性法则而进行的自主选择。譬如那个已婚的高富帅，他可能会面对很多香艳肉体的诱惑，虽然他的生理欲望蠢蠢欲动，但每当他理性地判断出"婚外恋不道德"时，只要他的意志能够毅然决然地对自己的行为下达指令，从而摆脱欲望的纠缠，阻止自己寻求出轨的可能性，那么他的选择就是自律的行为。在这件事上，他就是一个自由的人，因为他的自律行为摆脱了欲望对象的支配，通过自己的意志来决定自己的选择，这不正是自由的真谛吗？

文艺作品中有很多对于这种"自律行为"的描写，就像冯小刚在电影《老炮儿》里扮演的主人公，曾经在京城顽主界叱咤一时的"六爷"。在电影的高潮部分，六爷将腐败分子的材料寄到中纪委，然后按照约定好的时间和地点与恶势力展开了一场如中世纪骑士般英勇而悲壮的决斗。如果按照"他律行为"的逻辑来看，六爷的行为已经愚蠢到了不可理喻的地步：你自己是一介草民，又患有严重的心脏病，你这么做完全是螳臂当车。然而，六爷在给中纪委寄举报信时所说的台词却是最好的回击："虽然咱们是小老百姓，但是有些事该管还是得管！"是的，弱小的动物面对更加强大的猛兽，趋利避害的生物本能会让它望而却步，但我是人，我有意志，懂规矩，明是非，我内心的道德法则告诉我自己应该怎样做才是对的，哪怕是以卵击石，我也要让自己的身躯倒在通往自由的战场上，而不是被趋利避害的生物本能所击垮。在电影结尾处，六爷果然倒在了冲锋的冰面上，但他却以生命为代价，用自己的自律行为捍卫了内心的理性法则，彰显出了"人"的自由。

当然，自律行为的例子在现实社会中也比比皆是。前几天我看到一则新闻报道，一个 25 岁的青年农民工兄弟在地下通道里，目睹了一个持刀歹徒要抢劫一位中年女性，危急关头，农民工兄弟挺身而出。最终的结果是，持刀歹徒被警察抓获归案，而农民工兄弟却牺牲了。

在这个事件中，农民工兄弟完全可以视若无睹。然而，令人肃然起敬的是，他并没有这样做，他的自由意志不能允许自己在暴行面前无动于衷。于是，他自己主动拒绝了那种由先天的逃生本能所引发的他律行为，而是选择了舍生取义的自律行为。

那些扎根贫穷的山区，为了乡村学校的孩子们奉献自己一生的老师们，那些在世界上战火纷飞的地区默默无闻地进行人道主义救助的医疗志愿者……用康德的话说，他们都是真正拥有自由的人，因为这些自律行为展现出了他们对于内心理性法则的坚定守护。因此，在生活中，就算你做不到这些事情，但是请你对于这些自律行为保持敬重，因为你敬重的不仅是他人，也是在敬重你自己的意志，敬重你自己内心的理性法则。

1804 年，康德离世。他的墓志铭是他在《实践理性批判》中的一段名言："有两种东西，我对它们的思考越是深沉和持久，它们在我心灵中唤起的惊奇和敬畏就越是历久弥新，一个是我们头上浩瀚的星空，另一个就是我们心中的道德法则。"当你仰望星空的时候，请不要忘记：人性中的意志和夜空中的星斗一样璀璨夺目。你无法拥抱夜空的灿烂星斗，却可以守护内心的理性法则，因为你是人，向往自由的人。

席勒：
"玩儿"是一种超然的人生境界

常识："游戏人生"是一种轻薄肤浅的幼稚想法。

约翰·克里斯托弗·弗里德里希·冯·席勒（Johann Christoph Friedrich von Schiller）："游戏"既超越了功利性，又处处体现出规则的重要性，将"游戏"的精神贯彻到生活之中，不仅不幼稚，反而是一种生命的美学境界。

几年前，有一档选秀类节目备受关注，这档节目的优胜者可以直接获得在央视春晚现场演出的机会。我记得在一期节目里，有一支初出茅庐的摇滚乐队登台演唱，现场气氛非常火爆。演唱完毕以后，到了评委点评时间，其中一位评委是体制内久负盛名的歌唱家。他向摇滚乐队的主唱提了一个问题："你觉得在你的生活中，音乐扮演的是什么角色？"主唱回道："从小到大，我一直都把音乐当作最好玩的游戏。我们每个人都有各自的工作，大家都是利用业余时间，一起租场地来排练，所以无论这次选秀结果如何，我以后都会继续享受玩音乐的感觉。"话音未落，那位歌唱家就脸色一沉，开始以长者的口气对主唱说："我从事歌唱事业几十年，一直把艺术当作一件很严肃的事情。你说你喜欢'玩音乐'，这种'玩儿'的态度太轻浮，太散漫，这是一种对艺术的不尊重。我不会把票投给一个不尊重艺术的人。"

　　听到他的话，我哑然失笑。在那位歌唱家看来，如果你做一件事就是为了好玩，这就是一种轻浮浅薄的态度，这种态度完全配不上崇高神圣的艺术。我当时就设想：如果德国哲学家、剧作家席勒能够穿越时空隧道，来参加这档节目的话，他一定会对乐队主唱的回答报以掌声，然后反问那位歌唱家："您把艺术看得那么严肃，为什么还参加这么不严肃的节目呢？"

有学者认为，席勒是最擅长戏剧创作的哲学家，也是最具有哲学才华的剧作家。还得再补充一句，席勒是西方哲学史上少有的帅哥。

1759 年，席勒出生于德国马尔巴赫市的一个军人家庭。14 岁的时候，席勒被父母送到一所军官学校寄宿，他在这里学习了法律、军事、医学等不同的课程。对于席勒来说，他最感兴趣的不是这些，而是文学和哲学。

在 18 世纪中期，德国文化界开始了一场狂飙突进运动，这场运动以弘扬人的个性自由为宗旨，以文学为载体，通过浪漫的情感表达来对抗顽固的德国封建主义文化势力，这场运动也席卷到了席勒的家乡。1780 年，席勒毕业，成为了一位军医，但他志不在此，而是努力学习如何创作诗歌和剧本，让自己为狂飙突进运动的发展推波助澜。

功夫不负有心人。1782 年，席勒的处女作剧本《强盗》问世。这部戏剧在曼海姆首演，获得了巨大成功。我们中国人看这部戏剧会觉得特别有亲切感，因为这是一部德国版的《水浒传》。故事情节是这样的：有一个叫卡尔的富二代，他被自己的亲弟弟陷害，变得一无所有，从此浪迹天涯。在行走江湖的过程中，他结识了很多被贵族迫害的英雄好汉，大家一起在波希米亚森林占山为王，杀富济贫、除暴安良，"该出手时就出手，风风火火闯九州"。然而，故事的结尾就像宋江被招安一样，卡尔选择了自首，最终走上了断头台。

《强盗》引发了德国文化界的"地震"，而此时，席勒才 23 岁，可谓是年少成名，但这只是席勒艺术创作生涯的开始。几年以后，席勒青年时代的另一部代表作《阴谋与爱情》被搬上舞台。可以说，这是一部18世纪德国宫廷版的《甄嬛传》。在这部剧中，从公爵到宰相，从宫廷侍卫长到贵族秘书，个个都是阴险毒辣、道貌岸然、为达目的不择手段的腹黑大师。席勒创作这部剧正是为了控诉德国的封建制度。

在这之后，席勒的戏剧创作进入了高产期，他先后完成了《唐·卡洛斯》《奥尔良的姑娘》《华伦斯坦三部曲》。席勒戏剧创作的最高峰是他的英雄主义史诗戏剧《威廉·退尔》，这是一部德国版的《射雕英雄传》。

话说13世纪，在奥地利统治下，瑞士民不聊生，饿殍满地。威廉·退尔是一位威震武林的大侠，最擅长弯腰射大雕，人送外号"降龙十八射"。威廉·退尔由于不肯给奥地利总督敬礼而遭到逮捕，在押解途中，他乘机逃脱并射死了总督，随后又领导人民起义，解放了整个瑞士。这部戏剧被意大利作曲家罗西尼改编成了同名歌剧，直到现在，仍然久演不衰，其中最脍炙人口的就是《威廉·退尔序曲》。

你看，席勒多有才！他一个人就创作了德国版的《水浒传》《甄嬛传》和《射雕英雄传》三部文学名著。不仅如此，他还是一位杰出的诗人！你看过电视剧《欢乐颂》吗？这部电视剧的名字来自贝多芬《第九交响曲》的第四乐章大合唱《欢乐颂》，而这部合唱作品的歌词就是席勒写的诗歌《欢乐颂》。

这部诗歌的创作非常偶然。1785年，席勒参加了一个乡村婚礼，在婚礼上，席勒本来是想为所有人朗诵一首提前准备好的诗歌。然而，没想到的是，新郎突然问席勒："你有freestyle（即兴说唱）吗？"就这样，席勒玩了一回即兴，一边想一边朗诵：

欢乐女神

光洁美丽

灿烂阳光照大地

我心深处

热情如蜜

陶醉在你圣殿里

你的力量

能使万亿

生物消除恶与戾

光芒如碧

照耀四季

人们团结如兄弟

参加婚礼的人一下子就沸腾了，新婚夫妇更是冲上去拥抱席勒。
新娘问席勒："这首诗歌叫什么名字？"席勒想了想，发现所有人都
那么欢乐，说："得了！就叫《欢乐颂》吧。"就这样，席勒自己也
没有想到，这首 freestyle 会成为他的传世名篇，还被贝多芬谱成了曲，
还被中国人拍成了电视剧。

说到席勒，不得不谈到另一位伟大的德国作家——歌德，席勒和

歌德的友谊比韩剧还要浪漫。歌德比席勒年长 10 岁，他在 25 岁的时候就创作了不朽名著《少年维特的烦恼》，正在上学的席勒看到了这篇小说以后，顿时心头小鹿乱撞，决心一定要认识歌德。1794 年，席勒终于鼓起勇气，给歌德写了一封温情脉脉的信件，歌德看了以后，感觉终于找到了知己。于是，他热情地邀请席勒来和自己同居。席勒在歌德家里住了两周，那一年，歌德 45 岁，席勒 35 岁。

从此以后，文坛双子星一起携手并肩，度过了 10 年的激情岁月。在这 10 年间，席勒常常陷入经济拮据的困境，每次歌德都会毫不吝啬地给予资助。歌德自己创作的诗歌也会让席勒帮他修改。1805 年，席勒去世，歌德悲痛万分。他主动要求自己死后要和席勒埋葬在一起，最后如愿以偿。

可能有人会问，说了那么多文学创作的事情，这和席勒的哲学有什么关系呢？当然有，席勒将他浪漫主义的狂飙突进风格带进他的哲学著作中，这就是大名鼎鼎的书信体著作《美育书简》。

回到摇滚乐队主唱说享受"玩儿音乐"的一幕，为什么我说如果席勒在场，他会对主唱的回答报以掌声？因为席勒在《美育书简》中认为："玩儿"不是轻浮浅薄，而是一种淡泊名利、专注过程的灵魂高度，无论是从事艺术，还是面对物质世界的纷纷扰扰，如果你都能以"游戏"的心态来看待的话，那么你将进入一种生命的美学境界。

回想一下，当你在和别人玩儿《狼人杀》的时候，当你在玩儿《王者荣耀》的时候，当你在和朋友一起踢足球打篮球的时候，你处于什么样的一种生命状态？没错，你处于一种非功利性的状态，因为你不会把《狼人杀》《王者荣耀》和足球、篮球这些游戏活动当作实现功利目的的手段，你玩这些游戏不是为了赚钱，不是为了撩妹，也不是为了名誉地位。恰恰相反，你是把"玩儿"这件事本身当作目的。只有这样，你才能让自己沉浸到这个游戏过程之中，你才能体会到"玩儿"的乐趣。否则的话，那就不叫"玩儿"，而是成了职业，成了套路。说白了，"玩儿"可以让你摆脱功利的束缚，让你享受做这件事情的过程，而不是把这件事当作工具。所以说，"游戏人生"的内涵就是你把你做的每一件事情、你说的每一句话都当作目的，当作游戏过程去体验——"为了聊天而聊天，为了事业而事业，为了艺术而艺术"，至于游戏的输赢，反而是非常次要的事情。这样的生活才是潇洒快意、自在如风的人生。

由此看来，"游戏人生"不是贬义的，而是一种超越功利性的生活美学，当你"玩儿"的时候，你实际上已经摆脱了功利的束缚，自由自在地拥抱生活。有人可能会问："玩儿"难道不是散漫、任性的代名词吗？它怎么能是一种生命的美学境界呢？对于这个问题，席勒的回答是：你可以回忆一下，你玩的哪种游戏是没有规则的呢？所有的游戏都是有具体规则的，《狼人杀》有规则，《王者荣耀》有规则，足球比赛、篮球比赛等体育比赛也是有规则的。没有规则的活动不能称之为游戏，所以"玩儿"并不意味着你想做什么就做什么。虽然不同的游戏规则各异，但无论是什么游戏，之所以设定规则，都是为了两个基本目的：

第一，维护游戏的公平。在任何游戏中，作弊、外挂、随意干涉其他玩家的行为都是被禁止的，违规的人会被驱逐出游戏。回想一下，为什么某些网络游戏会淡出市场，一个重要原因就是规则没有被强制执行，外挂满天飞，游戏的平衡性被打破了。当你发现服务器并没有因为作弊而把你踢出局的时候，你一开始会沾沾自喜，但日复一日，玩家的人数越来越少，直到有一天，服务器关闭了，你才会明白：你成为了杀害这个网络游戏的凶手之一。一旦游戏失去了公平，这个游戏就不怎么好玩了，也就没人玩了。

第二，维护玩家的主观能动性。至少在部分程度上，游戏的输赢应该取决于玩家的努力和智慧。网游也好，桌游也好，体育比赛也好，都是如此。只有这样，你才会为了玩得更好，而不断研究游戏的战略战术，提升自己玩这项游戏的技能，这一过程又进一步增强了你参与游戏的热情和兴趣。相比之下，"掷骰子猜大小"就算不上真正的游戏，只能算作赌博，因为它不能调动玩家的主观能动性。无论你努力与否，聪明与否，都不会影响你猜对的概率，只要你不出老千，那么输赢就完全凭运气，所以如果不是为了赢钱的话，赌博本身的游戏性很差，并不好玩儿。

无论是维护游戏的公平，还是维护玩家的主观能动性，归根结底，规则是为了让玩家获得更多的乐趣。所以说，"玩儿"并不意味着任性散漫，恰恰相反，越是会"玩儿"的人越懂得遵守规则，而不懂得遵守规则的人其实是不会"玩儿"的，因为他没有"玩儿"的资格。席勒进一步指出，正是因为"玩儿"是一种"从心所欲而不逾矩"的活动，这种超然的生命境界才更值得人们去追求。人们应该尽可能地将"玩儿"的精神态度推广到现实生活的每个领域。

那支摇滚乐队，正是因为他们有各自的工作，所以他们没有把音乐当作一种纯粹为了赚钱而利用的工具，而是将音乐当作目的本身，去享受创作和演出过程的快乐，这难道不正是艺术的本心吗？为了把音乐"玩得更好"，他们牺牲了大量业余时间，甚至自掏腰包租场地进行排练，你能说他们不尊重艺术吗？乐队成员彼此之间那种与商业利益无关，完全因为"热爱"而走在一起的强大凝聚力，你能说这是轻浮散漫吗？这也就是为什么席勒会说，不要把"玩儿"当作一件很幼稚的事儿，如果你真的能以"玩儿"的心态来为人处世的话，那么很多事情的结果就显得不那么重要了，你的生活中到处都会有意想不到的惊喜。

在人际交往中，"玩儿"的心态也很重要。我有一个好久不见的哥们儿，他在金融领域工作，前几天来找我喝酒。这个哥们儿告诉我，虽然他的微信朋友圈里有好几百人，但他还是感到孤独。我看了看他的聊天记录，对他说："你觉得孤独不是因为你圈子小，而是因为你不懂得用'玩儿'的心态和人聊天。"

像他这样的"金融才俊"有很多，为了提高工作效率，他们总是将人与人之间的语言交流当作市场拓展的手段，而不是目的本身。这样一来，虽然你会获得事业的成功，可你很难交到知心朋友。因为一旦交流被当作实现功利的手段，你们的谈话就难免染上套路与虚伪的色彩。只有当你与他人单纯闲聊的时候，你们的价值观、兴趣爱好才能真实地展现出来，你们才有可能成为朋友。而这种享受闲聊过程的状态，正是一种"玩儿"的生命境界。当然，虽然我们应该把人际交流当作游戏，当作目的本身，但我们仍然需要遵守最基本的游戏规则，这就是"与人为善"，正所谓"己所不欲，勿施于人"，你希望别人如何对待你，那么你也应该如何对待别人。

席勒对于"玩儿"的推崇，对今天这个物欲横流的信息时代来说，非常具有启发性。无论是事业还是社交，我们都需要"玩儿"的精神，有了这种超然的生命境界，我们才能更洒脱、更自由地享受生活。

伊壁鸠鲁：
你需要的是稳稳的幸福

常识：我还年轻，就得玩命折腾，纸醉金迷才是我需要的生活。

伊壁鸠鲁（Epicurus）：如果没有静态快乐作为基础的话，就算纸醉金迷，你也不会幸福。因为所有的动态快乐都会越折腾越少，但静态快乐却是稳定持久的，这就是稳稳的幸福。

香港歌手陈奕迅有一首温暖人心的慢歌，叫《稳稳的幸福》。

有一天

开始从平淡日子感受快乐

看到了明明白白的远方

我要的幸福

我要稳稳的幸福

能抵挡末日的残酷

在不安的深夜

能有个归宿

我要稳稳的幸福

能用双手去碰触

每次伸手入怀中

有你的温度

我要稳稳的幸福

能抵挡失落的痛楚

一个人的路途

也不会孤独

什么样的幸福才是稳稳的？为什么我们需要稳稳的幸福？对于这些问题，古希腊哲学家伊壁鸠鲁进行了深刻思考。

公元前342年，伊壁鸠鲁出生于雅典殖民地萨摩斯岛，早年他学习过哲学家柏拉图和德谟克利特的理论。公元前306年，伊壁鸠鲁来到雅典，在那里建造了一座属于自己的花园，在此后的人生岁月中，花园便成了伊壁鸠鲁开办的学校。随着越来越多的粉丝来到花园听伊壁鸠鲁讲哲学，伊壁鸠鲁及其粉丝的学派也被人们称为"花园派"。据史书记载，伊壁鸠鲁的著作有三百多部，但遗憾的是，绝大多数都遗失了，现存的一些著作残篇和信件，还是几次大规模火山爆发之后在岩浆的灰烬里发现的。

伊壁鸠鲁最负盛名的思想就是他的伦理学，他将自己的伦理学命名为"快乐主义"。伊壁鸠鲁认为，人生最重要的价值就是快乐，快乐是生活的内在目标，任何其他的价值都不应该阻碍人类实现自身的快乐。这样的观点导致后来很多人都将伊壁鸠鲁当作享乐主义最早的倡导者。

更有甚者，在20世纪70年代，美国嬉皮士运动的高潮时期，很多沉迷于毒品的嬉皮士们都穿上了"我是伊壁鸠鲁主义者"的文化衫。然而，如果说将柏拉图视为精神恋爱的代言人还只是一种美丽的误解的话，那么被贴上"纵欲主义者"标签的伊壁鸠鲁就完全是躺着中枪了。

实际上，伊壁鸠鲁理解的快乐不是铁板一块，而是复杂的概念。他把快乐分为三类：第一，自然而且必要的快乐，比如食欲、健康欲求的满足，这种快乐来自人的自然本性，如果满足不了这些本能的话，人类就无法生存；第二，自然但非必要的快乐，比如性欲、社交欲望的满足，这种快乐也来自人的自然本性，但这些欲望即使满足不了，也不会威胁到个人的生存，所以只要不触犯到社会的基本法则，追求这些快乐也无可厚非；第三，既不自然又不必要的快乐，这些快乐种类繁多，它们来源于人们社会生活中的文化建构。实际上，伊壁鸠鲁真正要讨论的正是这种既不自然又不必要的快乐，因为真正决定一个人是否幸福的标准正是这第三类快乐。

伊壁鸠鲁进一步把第三类快乐分为两种：第一种是动态快乐，第二种是静态快乐。什么是动态快乐？动态快乐是一种"消耗性快乐"，要想维持这种快乐，你不得不耗费掉越来越多的价值，比如荣誉、声望、地位、娱乐、权力、首饰、奢侈品等。这些东西你一旦拥有了，那么它们的价值很快就会消耗殆尽，你会因此感到无聊，然后你就得想方设法获得升级版的动态快乐，譬如更高的地位、更好的声望、更有趣的娱乐、更漂亮的首饰等。

不仅如此，当你的生活以动态快乐为导向时，第一类快乐和第二类快乐的"饮食男女"也会转化为声色犬马和骄奢淫逸，这就像中国宋朝的理学家朱熹说的："饮食，天理也；山珍海味，人欲也。夫妻，天理也；三妻四妾，人欲也。"动态快乐虽然能带给人巨大的感官刺激，但由于这种动态快乐具有高度的消耗性，所以"拥有"即是"贬值"，你的满足感会稍纵即逝，紧随而来的就是空虚与无聊。因此，动态快乐与空虚无聊是双生花，它们是紧密相连的。伊壁鸠鲁进一步认为，一个沉浸于动态快乐的人无法享有内心的平静，他会一直为了得到更高级的临时货色而疲于奔命。

在现实生活中，有学者形容国内某些所谓的"成功人士"是"钱包鼓鼓，六神无主，身强力壮，东张西望"。如果用伊壁鸠鲁的哲学视角来看，这些人就属于陷入了动态快乐而难以自拔的状态。他们之所以"六神无主"，是因为他们用自己鼓鼓的钱包换来宝马、迪奥、iPhone7，没过多久，他们就会发现，到手以后的时尚不再是"时尚"，满足自己占有欲的快乐感正在被一种无意义的虚无感取代，拥有的这些商品也已经开始变 low（低级）了，甚至就连自己漂亮的女朋友也失去了原有的新鲜感而变得乏味，于是他们开始"东张西望"，寻求升级换代的机会，他们想用宾利、芬迪、iPhone8 以及更漂亮的女朋友来再次获得动态快乐，塞满内心的空虚，但是欲壑难填，这些所作所为仍然会重蹈覆辙。

不光是这些实体化的商品，那些网络平台上的垃圾信息也是动态快乐的一部分。坐在地铁车厢里，你会看到几乎所有乘客都在"向下看齐"，他们不停地刷新着"朋友圈"。为了避免陷入无聊的心境，他们用眼睛疯狂地吞噬着那些所谓的"文化热点"和"娱乐八卦"，而这些垃圾信息既无思想养分，也与你的生活毫无关联。

不过，这的确是一个永无止境的过程，因为微信朋友圈上似乎永远都有红点，每一天、每一小时、每一分钟都会有新闻被人们转发，你的脑子就像一个抽屉，刚一关上就要重新打开。显然，这不是学习，而是消耗。在信息爆炸的时代，垃圾信息消耗着你的大脑，它们唯一的价值就是"新"，可是这唯一的价值也在你下一次刷新朋友圈的时候被彻底销毁，所以你空虚的内心刚被一大堆"刚出炉，还冒着热气"的垃圾信息填满，就又被掏空了。然后，为了缓解无聊，你再一次产生了了解"大家关注的最新热点是什么"这样的欲望，如此反复，以至无穷。就像瘾君子一样，你的生命被"刷朋友圈"这种无意义的动态快乐消耗，太多的精力被动态快乐牵制，而你得到的感受只能是连续不断的无聊、失落、空虚、焦虑。

上面的例子都属于伊壁鸠鲁说的动态快乐。在伊壁鸠鲁看来，虽然动态快乐充满了刺激和诱惑力，但是，它就像古希腊神话传说中人面鸟身的海妖塞壬一样，用天籁般的歌喉引诱航海者，最终导致航船触礁沉没。如果你的人生完全被动态快乐所支配的话，那么你会像那些船员一样，成为塞壬的腹中餐。因此，伊壁鸠鲁所推崇的快乐是静态快乐。

什么是静态快乐呢？静态快乐不是禁欲主义，而是稳稳的幸福，它是一种"自足性快乐"。当你翻开文学名著《悲惨世界》的时候，主人公冉阿让从小偷到革命者的自我救赎之路不会因为阅读而坍塌，它会拓宽你的心灵航道。只要你回想起里面的情节，你仍然能感悟到雨果悲天悯人的思想情怀；只要你怀念起曾经的旋律，你仍然会体会到巴赫赋格艺术的不朽魅力；只要你仰望天空的星斗，你仍然能触碰到梵高炽热如光的赤子之心；当传来管弦乐《勃兰登堡协奏曲》时，复调音乐绚烂多彩的美妙和声不会因为聆听而枯竭，反而会提升你的审美能力；当你驻足于油画《星夜》面前时，璀璨夺目的色彩不会因为欣赏而黯淡，反而会点亮你的幽暗心境。

如果你看过蒂姆·罗宾斯和摩根·弗里曼主演的美国电影《肖申克的救赎》，就一定可以理解伊壁鸠鲁的静态快乐。在电影中，有这样一段剧情：主人公安迪独自在肖申克监狱的广播室向监狱的所有犯人播放普契尼的歌剧《詹妮斯基奇》。很快，他的行为被专横跋扈的监狱长发现了。于是，安迪被关了禁闭。然而，等禁闭解除以后，安迪和他在监狱中最好的朋友——黑人瑞德一起吃饭时，他却一边指向自己的心脏一边告诉瑞德："他们抢不走我的音乐，因为这份快乐在这里。"是的，之所以这些美好的价值会让你获得静态快乐，是因为它们是自足的、持久的、稳定的，无论何时何地，它们都已经成为了你生命结构的组成部分，让你的灵魂变得更加丰富充盈。品味文学、欣赏艺术、聆听思想，这些静态的快乐会逐渐形成一种强大的精神力量，这种力量会在不知不觉之间，使你慢慢地享受到"坐看云卷云舒，静听花开花落"的恬淡与安谧。这才是真正的快乐，这才是稳稳的幸福。

实际上，不光是精神生活才属于静态快乐，只要你拥有静态快乐的心境，就连吃饭睡觉这种自然而必要的快乐，都可以转化为稳稳的幸福。举个例子，中国的禅宗典籍《大珠禅师语录》就曾记载了有源律师和大珠禅师之间的一段对话：

有源律师：您现在还做禅修的功课吗？
大珠禅师：当然了。

有源律师：您是如何做功课的呢？

大珠禅师：饥来吃饭困来眠。

有源律师：每个人不都是这样的吗？

大珠禅师：那可不一样。

有源律师：有什么不一样的？

大珠禅师：该吃饭的时候，他不认认真真吃饭，总是三心二意；该睡觉的时候，他不踏踏实实睡觉，总是胡思乱想。所以和我不一样。

　　大珠禅师的回答多么富有禅机！"饥来吃饭困来眠"正是一种拥有静态快乐的生命境界。虽然听上去是稀松平常的事，但是，在现实生活中，很多人都做不到。人们一到吃饭的点儿，就总想着给菜拍照，然后发到朋友圈上，甚至一边吃饭还一边和别人发微信聊天；到了睡觉的点儿，人们又在床上辗转反侧，琢磨如何职位升迁，考虑如何钩心斗角。这是为什么？因为人们被转瞬即逝的动态快乐绑架，无法集中注意力聚焦于当下的行动坐卧、一茶一饮，所以这就成了庸人自扰，你本来可以拥有稳稳的幸福，可你为了追求动态快乐，却给自己平添了太多的烦恼与纠结。

　　其实，要想获得稳稳的幸福并不难。首先，就要尽可能做到大珠禅师说的"饥来吃饭困来眠"。吃饭之前让手机静音，两眼就盯着饭碗，精神专注于吃饭这件事本身；睡觉的时候放空自己，不要再去想工作的事情，让自己的脑海暂时远离物欲横流的尘嚣。第二，在业余生活中，尝试着聆听古典音乐，欣赏高雅艺术，阅读经典文学，这些都是能带给你静态快乐的美好价值。第三，拥有一个与你志趣相投、惺惺相惜的挚友。正所谓"酒逢知己千杯少，话不投机半句多"，回想一下你上大学期间和舍友们的卧谈会吧，在这个世界上，还有什么比好友间毫无功利性的闲聊更有趣的事情呢？这正如文章开头陈奕迅那首歌所唱的："每次伸手入怀中／有你的温度……一个人的路途／也不会孤独……"

伊壁鸠鲁本人也将友谊作为自己重要的静态快乐。他在去世之前，给自己的好友写了一封感人至深的信件，信里这样写道："在我死亡之前这个幸运的日子里，疾病正在发作，但每当我回忆起往昔岁月我们交谈时所感到的欢乐时，原本身体上的痛苦就会被我内心的微笑所舒缓，这正是因为你的存在，我的朋友。"这正是伊壁鸠鲁所践行的生命哲学，虽然病痛突如其来，死亡无可避免，但伊壁鸠鲁却能够用友谊和思想所倾注而成的精神洪流来融解身体的病痛和死亡的恐惧。这就是静态快乐的力量，这就是稳稳的幸福。

伯林：
你享受消级自由，
却忽略了自己的积级自由

常识：摆在我面前的选项很多，所以我非常自由。

以赛亚·伯林（Isaiah Berlin）：选项多少是衡量你拥有消极自由程度的标准，但选择标准是否由你自己来决定才是积极自由的尺度。选项再多，但是选择标准自己不能选的话，有意义吗？

如果你喜欢看《奥林匹斯的陷落》《虎胆龙威》这类好莱坞动作大片的话，就会发现一个千篇一律的"标配"：无论在电影中 CIA（美国中央情报局）人员是多么荒淫残暴，美国联邦政府是多么腐败无能，也不管白宫被炸了多少次，影片的结局一定是那些美国式的超级英雄们一次又一次成功捍卫了当代西方社会的主流意识形态——经济自由主义。所谓"经济自由主义"，就是在最大程度上保护资本逻辑形态下每一个"经济人"的社会自由。说得更直白一点，就是只要你的行为没有违背市场竞争法则，你就可以自由地选择赚钱的方式。这样一种意识形态以美剧、好莱坞大片、夜店舞曲为载体，传播到了世界上的每一个大都市。一些年轻人受到这种意识形态的影响，认为"自由"仅仅意味着自由地消费、自由地打网游、自由地性爱。然而，这种"经济自由主义"定义的"自由"难道真的像某些经济学家所标榜的那样，是一种人类所要追求的普世价值吗？

　　20 世纪的英国哲学家以赛亚·伯林非常不赞同这种肤浅的理解。

　　1909 年，伯林出生于沙皇俄国的一个犹太富商家庭，1920 年，他和父母一起移民到了英国。1928 年，伯林来到牛津大学攻读文学和哲学。有趣的是，西方哲学史上那些大家的理论著作往往都厚得和砖头一样，甚至可以用来防身。而以赛亚·伯林却截然不同，直到他1997年去世，在长达半个多世纪的学术生涯里，他发表的都是一些短小精悍的论文，几乎没有出版过任何真正意义上的大部头学术专著，所以我们今天看到的那些署名"以赛亚·伯林"的书籍其实都是他生前发表的论文的合集。其中，时间跨度最大的就是他的论文集《苏联的心灵》。有学者称：如果说文化人类学家鲁热·本尼迪克特的《菊与刀》是西方人洞穿日本武士道的"手术刀"，那么《苏联的心灵》就是后代人重新理解苏联文化生活的"显微镜"。从1945年"二战"结束，到1988年戈尔巴乔夫开始政治改革，伯林一生十几次重返他的故乡苏联，对这个与美国分庭抗礼了半个世纪的社会主义强国进行了大量的考察与研究。这本《苏联的心灵》展示出的也正是苏联这个庞然大物在几十年间由盛转衰，最终走向解体的必然轨迹。对于斯大林主义文化逻辑导致的人道主义灾难，伯林进行了深刻的剖析与批判。

作为一个洞察力十分敏锐的哲学家，真正让伯林在学术界声名远播的是他最初发表在20世纪50年代末，后来又经过多次扩充修改而成的哲学论文《自由论》。

在这篇论文中，伯林指出："自由"这种价值的内涵，并非像"经济自由主义"那样简单，"经济自由主义"表面上是在崇尚个人自由，可实际上是在贬低"自由"的价值。因为在"经济自由主义"的视角中，已经将"人"预设为"经济人"。所谓"经济人"，其实是资本逻辑为了扩大消费，而通过大众媒体的流行文化塑造出的一种"人造人"。这种"人造人"的需要在很大程度上也是"伪需要"，因为这些需要是被资本逻辑强制灌输而洗脑以后的产物，比如大众媒体上那些形形色色的软广告、硬广告对我们视觉、听觉的狂轰滥炸产生的对各种名牌产品的需要。为了满足这些不断增长的"伪需要"，我们拼命赚钱，拼命购物。在这个过程中，我们反而忘记了自己最真实的需要到底是什么。对于"经济自由主义"来说，它崇尚的"自由"其实就是这些"人造人"的"伪需要"，这正是"经济自由主义"的荒诞之处。"自由"应该是个人的自主选择，但如果一个人之所以做出这种选择，是为了满足一种被洗脑以后才形成的"伪需要"，那么这种个人选择还能算作真正的自主选择吗？如果"经济自由主义"崇尚的价值归根结底只是为了满足那些"人造人"的"伪需要"，那么这种"经济自由主义"标榜的"自由"又有多大意义呢？

以赛亚·伯林对"自由"的理解比"经济自由主义"要深刻得多。他将"自由"分为两种：一种叫"消极自由"，另一种叫"积极自由"。什么是"消极自由"？当一个人在进行选择的时候，他面对的选项数量越多，他的消极自由程度就越高。而"积极自由"的内涵是，当一个人面对选择的时候，选项的数量多少并不是最重要的，最重要的是他进行选择的标准是否由自己来决定，如果这个标准是由他自己来决定的话，那么他在这件事上就拥有高度的积极自由；如果选择的标准完全无法由自己来决定的话，那么他就没有积极自由。

以赛亚·伯林认为：对于人类来说，"消极自由"和"积极自由"二者都不可或缺，但功能不同。"消极自由"是衡量一个人是否拥有基本人身自由的底线，也是一个人最基础的"人权"。如果一个人做任何事情都没有什么选项可供他权衡取舍，而是被预先包办好的话，那么这个人就缺乏人身自由。在监狱里被关押的重刑犯人就是没什么消极自由的人。假如一个人连"消极自由"都没有的话，就更谈不上"积极自由"了。假如一个社会的多数成员都没有消极自由的话，譬如二战时期德意日法西斯政权下的社会，那么这些政权的合法性问题显然就昭然若揭了。当然，有了"消极自由"不一定就拥有"积极自由"，所以"消极自由"是"积极自由"的必要不充分条件。

"积极自由"是一种体现出个人拥有自主个性的价值尺度。如果一个人在生活中做任何事情都缺乏对于标准的自主选择能力的话，那么这个人就毫无个性，一个毫无个性的人在现实社会中永远是人云亦云，随波逐流：别人喜欢什么，他就喜欢什么；别人讨厌什么，他就讨厌什么。这种从众心理会让他活得身心俱疲——因为他为了获得别人的认可，永远都在追求别人追求的价值，至于他自己需要什么，他反而忽视了。前面讲的"经济自由主义"塑造的"经济人"其实就是这样一种缺乏积极自由的人格。不仅如此，对整个社会来说，积极自由的程度更是一个衡量社会是否尊重多元价值的指标。也就是说，如果一个社会的绝大多数成员都在追求同一种价值，比如金钱，那么即使这个社会允许每个人用不同的手段、不同的方式去追求金钱，这个社会仍然缺乏积极自由。

正因如此，伯林认为，市场经济和民主主义在全球范围内的推行会给人类带来巨大的消极自由；但另一方面，他也告诫人们，资本主义的全球化过程也必然会导致人类被消费工业所主宰，从而逐渐失去积极自由。用当年马克思的话来说，这就是人的异化。

以上是抽象理论，而具体的例子将有助于我们理解"消极自由"和"积极自由"的意义。

假设我是一个刚刚从大学毕业的"95后"，现在我要面临的就是找工作这样一个很现实的问题。在求职这件事上，我可以给任何一家企业投简历，当然，至于能否应聘成功，那是我的能力和人脉的问题。但有一点是毫无疑问的：没有人有权阻止我到任何一家企业应聘，也没有人有权要求我必须去哪一家企业就职。所以，至少在理论上，在我面前，可供我应聘的企业非常多，不胜枚举。正是因为可供我应聘的企业选项是不计其数的，因此，按照伯林的分类，我拥有充分的消极自由。

然而，在另一方面，虽然我求职的选项数量多如牛毛，但是无论选项有多少，我求职的首要选择标准却只有一个：薪资待遇。不管我到哪家企业应聘，我最关心的问题始终是：这个职位能让我挣多少钱。你可能会说：这不是废话吗？事实上，之所以你会有这种感受，恰恰是因为这个选择的首选标准不是我或者你来决定的，换句话说，我们在投简历的时候不得不以薪资待遇作为首要选择标准来对工作进行筛选。

难道就没有别的选择标准了吗？当然有！我们可以按照审美价值尺度的标准来选择职业，看看哪个工作会让我们觉得最好玩；我们也可以按照道德价值尺度的标准来选择职业，看看哪个工作让我们觉得最高尚；我们还可以通过认知价值尺度的标准来选择职业，看看哪个工作会让我们学到最多的理论知识……的确，没有人会阻止我们以自己的个性为标准来求职，但问题是：这些个性化的价值尺度最多可以作为我们大多数人求职的参考标准，但无法成为首要标准。否则的话，假如我以道德价值尺度作为首要标准去求职，那么什么样的工作具有比较高的道德价值呢？去偏远山区支教会帮助很多当地的孩子，这件事很崇高，可是我一旦这么选择的话，那么也就意味着，我不仅将失去富裕的物质生活，也将失去原有的人际圈。虽然原来的同学朋友都会由衷地佩服我，但因为生活方式的差距越来越大，我与他们的联系也会越来越少，最终，我会情不自禁地感到，无论在物质消费上，还是在精神交流上，我都被社会边缘化了。对此，我备感恐惧。于是，尽管我仍然很希望有朝一日为偏远山区的教育事业做出自己的贡献，但一想到贫困和闭塞带来的严重后果，我还是只能面对现实，再次捡起"薪酬待遇"这个首要标准来重新筛选工作。

　　就这样，在求职这件事上，虽然我拥有丰富多彩的价值尺度，这些价值尺度都是我个性的体现，但如果我以这些非经济的价值尺度作为首要标准来选择职业的话，那么我没有能力去面对这些职业带来的境遇。因此，虽然我希望通过其他价值尺度来选择工作，但现实让我不得不压抑个性，把经济价值尺度作为求职的首要标准。这样一来，既然就业的首要选择标准不是我自己来决定的，那么在就业这件事上，尽管我拥有消极自由，但我却失去了积极自由。而这一点，恰恰是现在很多年轻人陷入的真实处境。同样的道理，如果你的孩子是一个艺术生，他可以选择学习任何一种乐器，所以他在这件事情上拥有充足的消极自由，但是如果他学习一种乐器仅仅是因为这项技能可以让他在高考的惨烈厮杀中获得更多优势的话，那么他学乐器是没有积极自由的，因为他的选择不是出于自己的兴趣，而是高考加分政策带来的裹挟作用。

再举一个例子，我初中时代的音乐老师现在和我是很好的朋友，她有一个正在上高一的儿子。前些日子，她给我打电话，说她儿子进入青春期以后，特别叛逆，整天把"我需要自由"挂在嘴边，还和自己的同班同学谈起了恋爱，两个人常常一起逃课。后来我去她家，和她的儿子聊天，我问他："你为什么讨厌你父母？"

"我需要自由，最讨厌别人管着我！"

"你觉得什么是自由？"

"自由就是用自己的想法支配自己的行动，我 16 岁了，有自己的想法，我追求自由，有错吗？"

"你喜欢你的女朋友吗？"

"当然喜欢！"

"为什么喜欢？"

"因为她的身材好，标准的网红身材！"

"女孩那么多，为什么你非得喜欢网红身材的女孩？"

"不是我自己喜不喜欢的问题，这是一种审美潮流。你看那些网红直播明星，哪个不是那种蛇精脸配上 S 形身材？"

"也就是说，你和她谈恋爱的时候，支配你的是审美潮流，而不是你自己的想法。你口口声声说你需要自由，可是就连谈恋爱这么私人的事情都不是为了你自己，而是为了顺应潮流，你就是这么追求自由的吗？"

待我说完这些话后，男孩沉默了很长一段时间。后来音乐老师告诉我，他决定和女朋友重新从普通朋友做起，也开始愿意主动和父母交流了。

男孩对于"自由"的理解类似于"经济自由主义"，这种狭隘的视角只看到了"消极自由"，却忽视了"积极自由"，所以他自以为热爱自由，但实际上，他却是一个缺乏个性，任由从众心理摆布的人，当他的思维模式与自我标榜的形象形成鲜明反差时，这种严重的自相矛盾让他感到是自己的逻辑出了问题，需要重新思考自由的意义。

在现实生活中，很多人都像音乐老师的儿子一样，原本作为独立价值尺度的判断标准被大众媒体日益扁平化、单一化的审美判断标准湮没，而这种被压抑的独立价值尺度正是人类最为重要的个性。

所以，当你在工作和情感生活中，面对眼花缭乱的选项而目不暇接时，请不要忘记反问自己："选择标准本身，我可以选择吗？"
毕竟，消极自由程度再高，也无法替代你的积极自由！只有当你能
够以个性化的价值尺度来面对这个世界时，你才是一个拥有积极自
由的人。